华南桑树种质资源

果桑卷

HUANAN SANGSHU ZHONGZHI ZIYUAN

GUOSANG JUAN

王振江 等 著

中国农业出版社
北 京

王振江 唐翠明 肖更生 戴凡炜 赵超艺 罗国庆 著

组编单位：广东省农业科学院蚕业与农产品加工研究所
国家蚕桑产业技术体系广州综合试验站

本书得到以下项目资助：

广东省乡村振兴战略专项资金（构建现代农业体系）——现代种业创新提升项目“广东省农作物种质资源库（圃）建设与资源收集保存、鉴评”

国家重点研发计划（2019YFD1001200）

国家蚕桑产业技术体系（CARS—18—SYZ13）

广东省现代农业蚕桑产业技术体系（2019KJ124）

FOREWORD 前言

我国是世界蚕桑产业的发源地，具有极为丰富的桑树种质资源。果桑是以桑果生产为目的，果用或者果叶兼用桑树的统称。华南地区由于独特的热带、亚热带气候条件，年气温高，降水量多，经过长期的自然变异、淘汰和人工选择，形成了许多性状迥异、各具特色的丰富多姿的地方果桑种质资源，其具有挂果多、发芽早、生长快、发条多、耐剪伐等特点，是我国培育早生、丰产果桑品种的主要种质来源之一。

广东省农业科学院蚕业与农产品加工研究所（原广东省农业科学院蚕业研究所）是国内最早开展果桑种质资源的收集、保存、创新与利用研究的单位，建有国家桑树资源圃－华南分圃、广东省蚕桑种质资源库、广东省果桑产业技术创新联盟、国家东桑西移工程蚕桑资源综合利用创新中心等科技创新平台，以及广东宝桑园健康食品有限公司、广州宝桑园生态科技有限公司、广东四季桑园蚕业有限公司等成果转化和示范基地。该所育成了我国第一个通过品种审定也是种植面积最大的果桑品种——粤椹大10，并在桑果开发利用领域率先开发出了桑果汁、桑果酒等系列桑果加工产品，取得了丰硕成果，整体研究居于国内领先水平。目前广东省蚕桑种质资源库收集保存有1 000余份果桑种质资源，其数量及类型均为国内外之最。这些果桑种质资源蕴藏着各类性状的遗传基因，是果桑育种工作的基础。据不完全统计，该库已先后为国内多个科研单位提供果桑种质180余份次，全国利用这些种质作为亲本或中间材料培育了红果2号、圃桑9号等优良果桑品种及品系80余个，产生了巨大的经济和社会效益，极大地促进了我国果桑育种研究的发展，为我国果桑产业的可持续发展作出了重大贡献。

本书共收录各类果桑种质资源251份，其中包含广东省农业科学院蚕业与农产品加工研究所育成的果桑品种6份，人工诱导杂交桑实生幼苗获得的多倍体果桑资源48份，经航天诱变后优选变异单株而创制的果桑资源31份，历年从杂交后代中选择的优良果桑品系99份，从广东省、广西壮族自治区、海南省等地区收集的地方果桑种质资源54份，从泰国、印度、越南、朝鲜等国家引进的果桑种质资源13份。每份种质资源包括资源来源、枝叶特征与栽培特性、花果性状等文字介绍，以及叶片、新梢、枝条、果实、挂果枝条共5幅清晰原色照片。希望这些果桑种质资源能为我国果桑品种的选育提供重要参考，加速果桑新品种选育进程，并以果桑品种引领蚕桑产业多元化发展的转型升级，这即是我们编写本书的主要目的。鉴于著者掌握资料与研究水平的局限，书中难免出现错漏，敬请读者批评指正。

著　者

2020年3月

CONTENTS 目录

一、育成品种

二、多倍体创制资源

三、航天诱变创制资源

四、杂交选育创制资源

五、地方资源

六、引进资源

一、育成品种

粤椹大10

【资源来源】 由广东省农业科学院蚕业与农产品加工研究所从大田选拔出广东桑实生苗优良单株经定向培育而成，2006年通过广东省农作物品种审定委员会审定（粤桑审2006001）。属广东桑种，三倍体，现保存于广东省蚕桑种质资源库。

【枝叶特征与栽培特性】 树形稍开展，枝条细而长，主枝发条数多，侧枝萌发力弱；皮青灰色，节间直，平均节距4.8cm，二列叶序，皮孔大小中等，较密，圆或椭圆形。冬芽三角形，尖离，棕色，副芽大而多。幼叶花色苷显色中等，植株叶片形状全叶，心脏形，翠绿色，叶尖长尾状，叶缘锐齿，叶基心形，叶长20.0～24.0cm，叶幅17.0～20.0cm，叶面光滑微皱，光泽弱，叶片稍下垂，叶柄粗短。广东省广州市栽培发芽期1月中下旬，开叶期2月上中旬，叶片成熟期2月下旬至3月上旬，属早生中熟品种。果叶两用，桑果盛熟期3月上中旬，盛产期每公顷产果量22 500kg以上，同时产叶量30 000kg以上。开花期遇雨水多的年份桑果易感菌核病，耐寒性较弱。

【花果性状】 广州市栽培坐果率92%～96%，平均单芽坐果数5粒。桑果中圆筒形，长径2.5～6.2cm，横径1.3～2.0cm，单果重2.5～8.2g，平均4.4g，米条产果量最高达510.0g。无籽。鲜果紫黑色，风味好，出汁率70.0%～84.0%，可溶性固形物9.0%～13.0%，酸度2.1～5.7g/L。

叶片

新梢

枝条

果实

挂果枝条

粤椹28

【资源来源】由广东省农业科学院蚕业与农产品加工研究所从广东桑杂交后代中选择单株定向培育而成，2014年获国家植物品种权，2017年通过广东省农作物品种审定委员会审定（粤审桑20170001）。属广东桑种，二倍体，现保存于广东省蚕桑种质资源库。

【枝叶特征与栽培特性】树形直立，枝条粗而长，主枝发条数多，侧枝萌发力强；皮色棕褐，节间直，平均节距5.3cm，八列叶序，皮孔小，密，圆形、椭圆形。冬芽短三角形，腹离，紫褐色，副芽小而少。幼叶花色苷显色弱，顶端叶着生姿态斜上，叶柄着生姿态上举；植株叶片形状全叶，长心脏形，深绿色，叶尖长尾状，叶缘具细圆齿，叶基深心形，平均叶长25.2cm，叶幅20.8cm，叶面稍皱，光滑，光泽较强，叶柄粗长。广东省广州市栽培，发芽期1月中下旬，开叶期2月上中旬，桑叶成熟期2月下旬至3月上旬。盛产期每公顷产果量22 500kg以上，同时产叶量27 000kg左右。易受微型虫危害，开花期遇雨水多的年份桑果易感菌核病，耐寒性较弱。

【花果性状】广州市栽培坐果率90% ~ 96%，单芽坐果数2 ~ 6粒。桑果长圆筒形，长径4.0 ~ 5.5cm，横径1.8 ~ 2.2cm，平均单果重7.6g，米条产果量最高达656.5g。种子较多。鲜果紫黑色，酸甜可口，风味好，出汁率80.0%，可溶性固形物9.0% ~ 13.2%，酸度5.1 ~ 5.7g/L，pH4.0 ~ 4.2。

叶片

新梢

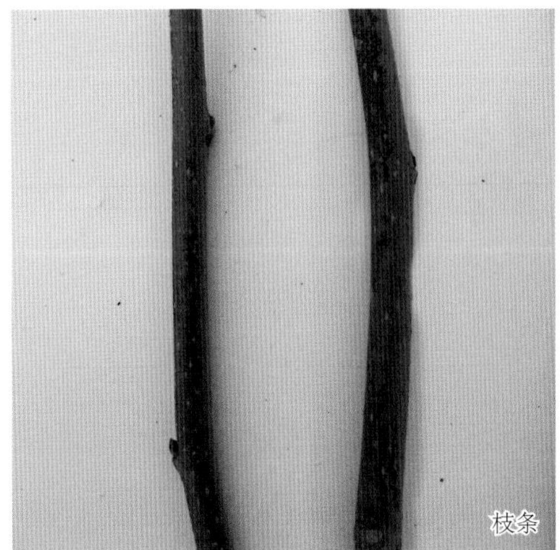
枝条

果实

挂果枝条

粤椹74

【资源来源】由广东省农业科学院蚕业与农产品加工研究所从广东桑杂交后代中选择单株定向培育而成，2014年获国家植物品种权，2016年通过广东省农作物品种审定委员会审定（粤审桑20160001）。属广东桑种，二倍体，现保存于广东省蚕桑种质资源库。

【枝叶特征与栽培特性】树形直立，枝条粗而长，主枝发条数多，侧枝萌发力强；皮色紫褐，节间直，平均节距3.9cm，三列叶序，皮孔小，较密，圆形、椭圆形。冬芽长三角形，腹离，紫褐色，副芽小而少。幼叶花色苷显色弱，顶端叶着生姿态斜上，叶柄着生姿态上举，植株叶片形状全叶，长心脏形，深绿色，叶尖长尾状，叶缘细锯齿，叶基深心形，平均叶长24.8cm，叶幅21.0cm，叶面微皱而稍光滑，叶柄粗长。广东省广州市栽培，发芽期1月中下旬，开叶期2月上中旬，桑叶成熟期2月下旬至3月上旬。盛产期每公顷产果量24 000kg以上，同时产叶量27 000kg左右。易受微型虫危害，开花期遇雨水多的年份桑果易感菌核病，耐寒性较弱。

【花果性状】广州市栽培坐果率95.3% ~ 98.7%，单芽坐果数3 ~ 8粒。桑果长圆筒形，果形好，长径2.8 ~ 5.2cm，横径1.4 ~ 2.0cm，平均单果重6.5g，米条产果量最高达541.7g。种子较多。鲜果紫黑色，酸甜可口，风味好，出汁率77.8%，可溶性固形物9.0% ~ 11.2%，酸度6.1 ~ 7.3g/L，pH4.2 ~ 4.6。

叶片

新梢

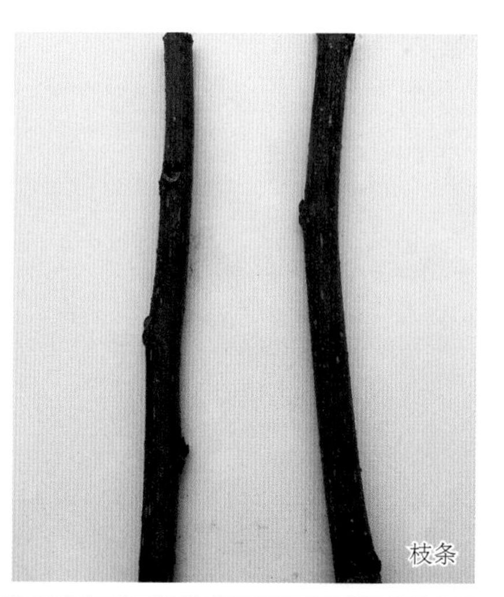
枝条

果实

挂果枝条

粤椹123

【资源来源】由广东省农业科学院蚕业与农产品加工研究所以实生苗为材料，经人工诱导定向培育而成，2018年获国家植物新品种权（CAN20160060.5）。属广东桑种，现保存于广东省蚕桑种质资源库。

【枝叶特征与栽培特性】树形稍开展，枝条粗而长，主枝发条数多，侧枝萌发力弱；皮色灰褐，节间直，平均节距4.1cm，五列叶序，皮孔较稀，较小，圆形。冬芽正三角形，棕褐色，尖离，副芽大而少。幼叶花色苷显色弱，顶端叶着生姿态斜上，叶柄着生姿态平伸；植株叶片形状全叶，心脏形，深绿色，叶尖长尾状，叶缘粗圆状，叶基肾形，平均叶长26.0cm，叶幅22.4cm，叶面平展，光滑，光泽性强，叶柄细长。广东省广州市白云区栽培，发芽期1月中下旬，开叶期2月上中旬，桑叶成熟期2月下旬至3月上旬。桑果始熟期3月上中旬，盛产期每公顷产果量24 000kg以上，同时产叶量27 000kg左右。易受微型虫危害，开花期遇雨水多的年份桑果易感菌核病，耐寒性较弱。

【花果性状】广州市栽培坐果率96% ~ 99%，单芽坐果数4 ~ 9粒。桑果长圆筒形，果形好，长径4.5 ~ 6.4cm，横径1.4 ~ 1.9cm，单果重6.5 ~ 14.9g。种子较多。鲜果紫黑色，酸甜可口，风味好，出汁率78.2%，可溶性固形物9.0% ~ 13.5%，酸度3.4 ~ 5.2g/L，pH4.5 ~ 4.8。

叶片

新梢

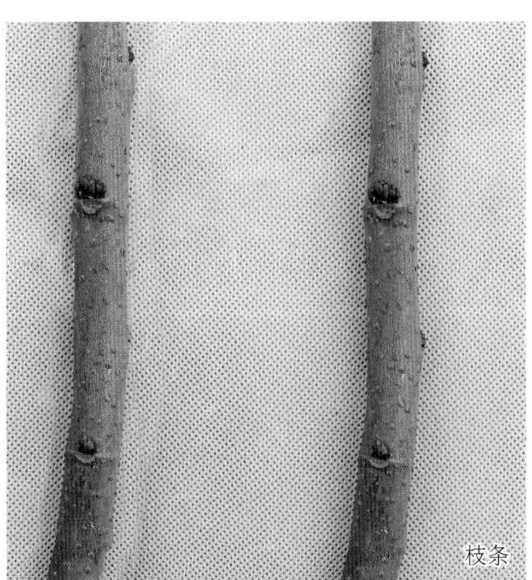
枝条

果实

挂果枝条

粤椹143

【资源来源】由广东省农业科学院蚕业与农产品加工研究所以实生苗为材料，经人工诱导定向培育而成，2018年获国家植物新品种权（CAN20160061.4）。属广东桑种，现保存于广东省蚕桑种质资源库。

【枝叶特征与栽培特性】树形稍开展，枝条粗而长，主枝发条数多，侧枝萌发力强；皮色灰褐，节间直，平均节距5.2cm，絮乱叶序，皮孔较密，小，圆形。冬芽卵圆形，棕褐色，腹离，副芽大而多。幼叶花色苷显色弱，顶端叶着生姿态斜上，叶柄着生姿态上举；植株叶片形状全叶，心脏形，深绿色，叶尖长尾状，叶缘粗圆齿，叶基深心形，平均叶长27.0cm，叶幅23.0cm，叶面平展，光滑，光泽性强，叶柄细长。广东省广州市白云区栽培，发芽期1月中下旬，开叶期2月上中旬，桑叶成熟期2月下旬至3月上旬。桑果始熟期3月上中旬，盛产期每公顷产果量24 000kg以上，同时产叶量27 000kg左右。易受微型虫危害，开花期遇雨水多的年份桑果易感菌核病，耐寒性较弱。

【花果性状】广州市栽培坐果率96%～99%，单芽坐果数4～9粒。桑果长圆筒形，果形好，长径4.2～6.0cm，横径1.3～1.7cm，平均单果重7.8g，米条产果量最高达540.0g。种子较多。鲜果紫黑色，酸甜可口，风味好，出汁率76.4%，可溶性固形物9.2%～13.0%，酸度3.8～4.5g/L，pH4.4～4.6。

叶片

新梢

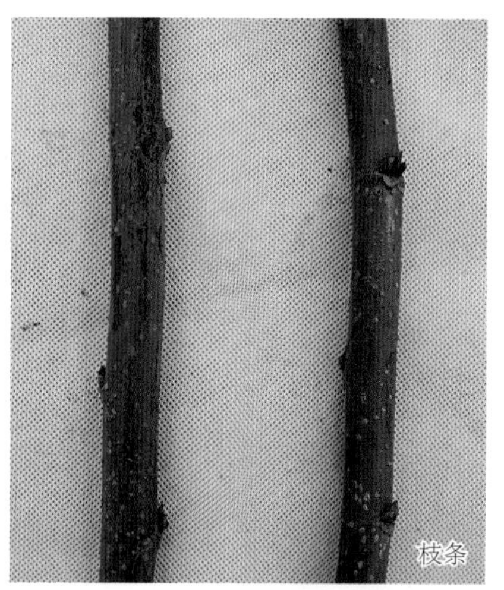
枝条

果实

挂果枝条

粤椹145

【资源来源】由广东省农业科学院蚕业与农产品加工研究所以实生苗为材料，经人工诱导定向培育而成，2018年获国家植物新品种权（CAN20160062.3）。属广东桑种，现保存于广东省蚕桑种质资源库。

【枝叶特征与栽培特性】树形稍开展，枝条粗而长，主枝发条数多，侧枝萌发力弱；皮色灰褐，节间直，节距4.8cm，五列叶序，皮孔小，椭圆形。冬芽卵圆形，黄褐色，尖离，副芽小而少。幼叶花色苷显色强，顶端叶着生姿态斜上，叶柄着生姿态上举；植株叶片形状全叶，心形，墨绿色，叶尖短尾状，叶缘粗圆齿，叶基深心形，平均叶长24.0cm，叶幅20.0cm，叶面平展，光滑，光泽性强，叶柄细长。广东省广州市白云区栽培，发芽期1月中下旬，开叶期2月上中旬，桑叶成熟期2月下旬至3月上旬。桑果始熟期3月上中旬，盛产期每公顷产果量25 500kg以上，同时产叶量24 000kg左右。易受微型虫危害，开花期遇雨水多的年份桑果易感菌核病，耐寒性较弱。

【花果性状】广州市栽培坐果率96% ~ 99%，单芽坐果数3 ~ 7粒。桑果长圆筒形，果形好，长径5.0 ~ 7.5cm，横径1.4 ~ 1.8cm，平均单果重12.8g，米条产果量最高达516.0g。种子较多。鲜果紫黑色，酸甜可口，风味好，出汁率80.1%，可溶性固形物9.2% ~ 12.0%，酸度6.1 ~ 8.4g/L，pH4.3 ~ 4.6。

叶片

新梢

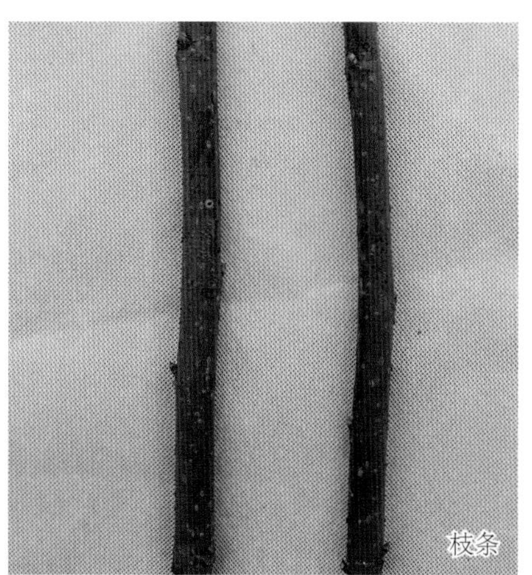

枝条

果实

挂果枝条

二、多倍体创制资源

桂诱7

【资源来源】由广东省农业科学院蚕业与农产品加工研究所从广西壮族自治区引进，经多倍体诱导形成的种质资源，属广东桑种，现保存于广东省蚕桑种质资源库。

【枝叶特征与栽培特性】树形稍开展，枝条粗而长，主枝发条数多，侧枝萌发力弱；皮色赤褐，节间直，平均节距5.5cm，五列叶序；皮孔大，较稀，圆形；冬芽长三角形，紫褐色，大小中等，贴生，副芽数量较少；枝条根源体平，芽褥状态平，叶痕圆形。幼叶花色苷显色弱，顶端叶着生姿态平伸，叶柄着生姿态上举；植株叶片形状全叶，叶面平展，叶长心形，中绿色，叶尖短尾状，叶缘细圆齿，叶基浅心形，平均叶长24.3cm，叶幅18.2cm；叶面光滑，光泽性强，叶面缩皱程度弱，叶柄细长，平均8.4cm。广东省广州市白云区栽培，桑果始熟期3月上中旬，易受微型虫危害，开花期遇雨水多的年份易感菌核病，耐寒性较弱。

【花果性状】广州市栽培米条总芽数30～34个，平均32.3个；米条坐果芽数25～31个，平均28.0个；坐果率76%～94%，平均87%；米条坐果粒数101～162粒，平均129.7粒；单芽坐果数3～5粒，平均4.0粒。桑果中圆筒形，果形好，平均长径3.2cm，横径1.4cm，单果重4.1g，果柄长度1.2cm。鲜果紫黑色，酸甜可口，风味好，平均可溶性固形物6.5%，酸度2.2g/L，pH4.9，糖酸比29.9。

叶片

新梢

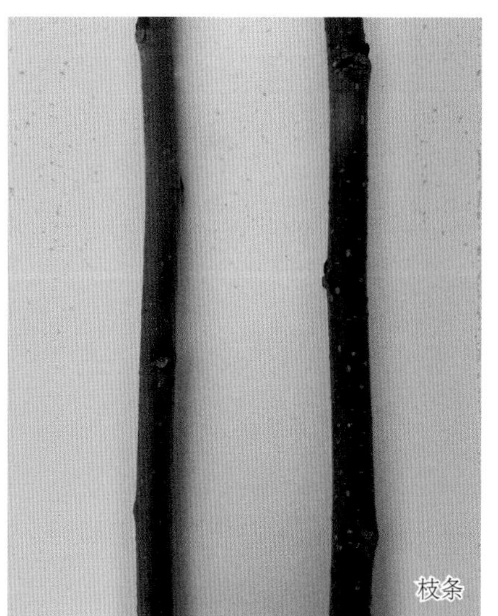
枝条

果实

挂果枝条

桂诱10—19

【资源来源】 由广东省农业科学院蚕业与农产品加工研究所从广西壮族自治区引进，经多倍体诱导形成的种质资源，属广东桑种，现保存于广东省蚕桑种质资源库。

【枝叶特征与栽培特性】 树形稍开展，枝条粗而长，主枝发条数少，侧枝萌发力弱；皮色黄褐，节间直，平均节距4.2cm，五列叶序；皮孔大小中等，较密，圆形；冬芽长三角形，紫褐色，大，斜生，副芽数量少；枝条根源体微凸，芽褥状态微凸，叶痕圆形。幼叶花色苷显色弱，顶端叶着生姿态平伸，叶柄着生姿态上举；植株叶片形状全叶，叶面平展，叶长心形，中绿色，叶尖短尾状，叶缘细圆齿，叶基浅心形，平均叶长23.6cm，叶幅19.1cm；叶面光滑，光泽性强，叶面缩皱程度弱，叶柄细长，平均4.7cm。广东省广州市白云区栽培，桑果始熟期3月上中旬，易受微型虫危害，开花期遇雨水多的年份易感菌核病，耐寒性较弱。

【花果性状】 广州市栽培米条总芽数19 ~ 31个，平均26.2个；米条坐果芽数14 ~ 21个，平均17.2个；坐果率47% ~ 89%，平均68%；米条坐果粒数38 ~ 78粒，平均56.3粒；单芽坐果数2 ~ 4粒，平均2.3粒。桑果中圆筒形，果形好，平均长径3.3cm，横径1.4cm，单果重5.4g，果柄长度0.7cm。鲜果紫黑色，酸甜可口，风味好，平均可溶性固形物5.3%，酸度4.6g/L，pH3.8，糖酸比11.5。

叶片

新梢

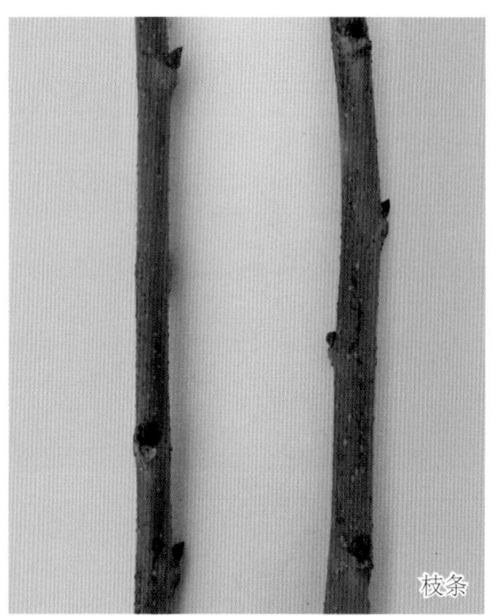
枝条

果实

挂果枝条

桂诱70

【资源来源】由广东省农业科学院蚕业与农产品加工研究所从广西壮族自治区引进，经多倍体诱导形成的种质资源，属广东桑种，现保存于广东省蚕桑种质资源库。

【枝叶特征与栽培特性】树形稍开展，枝条细而长，主枝发条数少，侧枝萌发力弱；皮色赤褐，节间直，平均节距5.6cm，八列叶序；皮孔大，密，椭圆形；冬芽长三角形，紫褐色，大，斜生，副芽无；枝条根源体凸，芽褥状态微凸，叶痕圆形。幼叶花色苷显色无，顶端叶着生姿态平伸，叶柄着生姿态上举；植株叶片形状全叶，叶面平展，叶心形，中绿色，叶尖短尾状，叶缘细圆齿，叶基浅心形，平均叶长21.2cm，叶幅20.1cm；叶面光滑，光泽性中等，叶面缩皱程度弱，叶柄细长，平均5.8cm。广东省广州市白云区栽培，桑果始熟期3月上中旬，易受微型虫危害，开花期遇雨水多的年份易感菌核病，耐寒性较弱。

【花果性状】广州市栽培米条总芽数21 ~ 28个，平均24.5个；米条坐果芽数18 ~ 24个，平均21.2个；坐果率74% ~ 100%，平均87%；米条坐果粒数71 ~ 102粒，平均82.0粒；单芽坐果数3 ~ 4粒，平均3.4粒。桑果短圆筒形，果形好，平均长径3.4cm，横径1.5cm，单果重6.2g，果柄长度0.8cm。鲜果紫黑色，风味酸甜，平均可溶性固形物5.1%，酸度8.4g/L，pH3.4，糖酸比6.0。

叶片

新梢

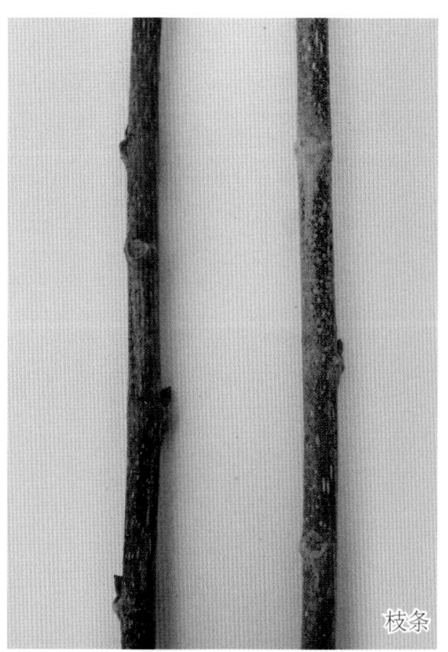

枝条

果实

挂果枝条

桂诱75

【资源来源】由广东省农业科学院蚕业与农产品加工研究所从广西壮族自治区引进，经多倍体诱导形成的种质资源，属广东桑种，现保存于广东省蚕桑种质资源库。

【枝叶特征与栽培特性】树形稍开展，枝条细而长，主枝发条数少，侧枝萌发力弱；皮色紫褐，节间直，平均节距3.5cm，八列叶序；皮孔大，较稀，圆形；冬芽卵圆形，赤褐色，大，腹离，副芽数量少；枝条根源体平，芽褥状态微凸，叶痕半圆形。幼叶花色苷显色弱，顶端叶着生姿态平伸，叶柄着生姿态上举；植株叶片形状全叶，叶面平展，叶长心形，浅绿色，叶尖长尾状，叶缘细圆齿，叶基深心形，平均叶长19.3cm，叶幅15.2cm；叶面光滑，光泽性中等，叶面缩皱程度弱，叶柄细长，平均5.9cm。广东省广州市白云区栽培，桑果始熟期3月上中旬，易受微型虫危害，开花期遇雨水多的年份易感菌核病，耐寒性较弱。

【花果性状】广州市栽培米条总芽数35～47个，平均40.3个；米条坐果芽数22～40个，平均29.3个；坐果率62%～85%，平均72%；米条坐果粒数78～194粒，平均115.2粒；单芽坐果数2～4粒，平均2.8粒。桑果中圆筒形，果形好，平均长径3.6cm，横径1.7cm，单果重7.0g，果柄长度0.9cm。鲜果紫黑色，酸甜可口，风味好，平均可溶性固形物4.3%，酸度4.2g/L，pH3.8，糖酸比10.2。

叶片　新梢　枝条　果实　挂果枝条

桂诱154

【资源来源】由广东省农业科学院蚕业与农产品加工研究所从广西壮族自治区引进，经多倍体诱导形成的种质资源，属广东桑种，现保存于广东省蚕桑种质资源库。

【枝叶特征与栽培特性】树形稍开展，枝条细而长，主枝发条数多，侧枝萌发力弱；皮色黄褐，节间直，平均节距4.4cm，五列叶序；皮孔小，较密，圆形；冬芽长三角形，紫褐色，大，腹离，副芽数量少；枝条根源体平，芽褥状态平，叶痕圆形。幼叶花色苷显色弱，顶端叶着生姿态平伸，叶柄着生姿态上举；植株叶片形状全叶，叶面平展，叶长心形，浅绿色，叶尖短尾状，叶缘细圆齿，叶基浅心形，平均叶长20.9cm，叶幅18.2cm；叶面光滑，光泽性强，叶面缩皱程度弱，叶柄细长，平均4.6cm。广东省广州市白云区栽培，桑果始熟期3月上中旬，易受微型虫危害，开花期遇雨水多的年份易感菌核病，耐寒性较弱。

【花果性状】广州市栽培米条总芽数30～40个，平均35.5个；米条坐果芽数28～34个，平均31.3个；坐果率81%～97%，平均89%；米条坐果粒数71～93粒，平均80.8粒；单芽坐果数2～3粒，平均2.3粒。桑果长圆筒形，果形好，平均长径4.2cm，横径1.4cm，单果重6.4g，果柄长度0.9cm。鲜果紫黑色，酸甜可口，风味好，平均可溶性固形物4.9%，酸度5.1g/L，pH3.6，糖酸比9.6。

叶片　新梢　枝条

果实　挂果枝条

粤诱08—209

【资源来源】由广东省农业科学院蚕业与农产品加工研究所从人工多倍体诱导广东桑杂交后代中选择单株定向培育而成，属广东桑种，现保存于广东省蚕桑种质资源库。

【枝叶特征与栽培特性】树形稍开展，枝条粗而长，主枝发条数多，侧枝萌发力弱；皮色黄褐，节间直，平均节距6.7cm，五列叶序；皮孔小，较密，椭圆形。冬芽卵圆形，黄褐色，大小中等，腹离，副芽小且数量较少；枝条根源体平，芽褥状态平，叶痕半圆形。幼叶花色苷显色强，顶端叶着生姿态下垂，叶柄着生姿态上举；植株叶片形状全叶，叶面平展，叶长心脏形，深绿色，叶尖短尾状、双尾状，叶缘粗圆齿，叶基楔形，平均叶长15.0cm，叶幅11.2cm，叶面光滑，光泽性较强，叶面缩皱程度弱，叶柄细长。广东省广州市白云区栽培，桑果始熟期3月上中旬，易受微型虫危害，开花期遇雨水多的年份易感菌核病，耐寒性较弱。

【花果性状】广州市栽培米条总芽数24 ~ 30个，平均29个；米条坐果芽数16 ~ 27个，平均23个；坐果率81% ~ 89%，平均87.2%；米条坐果粒数86 ~ 120粒，平均92粒；单芽坐果数2 ~ 5粒，平均3.2粒。桑果长圆筒形，果形好，平均长径4.6cm，横径1.5cm，单果重4.8g，果柄长度0.9cm。鲜果紫黑色，酸甜可口，风味好，平均可溶性固形物9.6%，酸度5.2g/L，pH4.5，糖酸比18.4。

叶片

新梢

枝条

果实

挂果枝条

粤诱8

【资源来源】由广东省农业科学院蚕业与农产品加工研究所从人工多倍体诱导广东桑杂交后代中选择单株定向培育而成，属广东桑种，现保存于广东省蚕桑种质资源库。

【枝叶特征与栽培特性】树形稍开展，枝条粗而长，主枝发条数多，侧枝萌发力强；皮色黄褐，节间直，平均节距4.9cm，五列叶序；皮孔大小中等，较密，圆形；冬芽正三角形，赤褐色，小，贴生，副芽数量少；枝条根源体平，芽褥状态平，叶痕半圆形。幼叶花色苷显色弱，顶端叶着生姿态平伸，叶柄着生姿态上举；植株叶片形状全叶，叶面平展，叶长心形，中绿色，叶尖长尾状，叶缘细圆齿，叶基浅心形，平均叶长25.8cm，叶幅19.6cm；叶面光滑，光泽性强，叶面缩皱程度弱，叶柄细长，平均5.7cm。广东省广州市白云区栽培，桑果始熟期3月中旬，易受微型虫危害，开花期遇雨水多的年份易感菌核病，耐寒性较弱。

【花果性状】广州市栽培米条总芽数26～34个，平均30.8个；米条坐果芽数9～23个，平均17.5个；坐果率26%～79%，平均58%；米条坐果粒数48～89粒，平均65.3粒；单芽坐果数2～3粒，平均2.1粒。桑果短圆筒形，果形好，平均长径3.0cm，横径1.4cm，单果2.9g，果柄长度1.4cm。鲜果紫黑色，酸甜可口，风味好，平均可溶性固形物8.1%，酸度7.6g/L，pH3.8，糖酸比10.7。

叶片

新梢

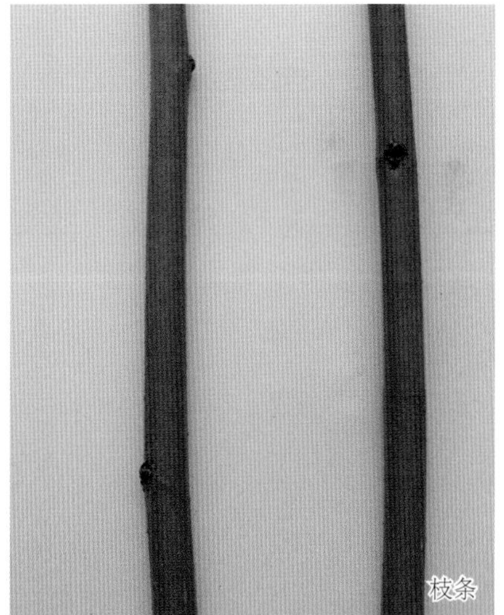
枝条

果实

挂果枝条

粤诱9

【资源来源】由广东省农业科学院蚕业与农产品加工研究所从人工多倍体诱导广东桑杂交后代中选择单株定向培育而成，属广东桑种，现保存于广东省蚕桑种质资源库。

【枝叶特征与栽培特性】树形稍开展，枝条粗而长，主枝发条数少，侧枝萌发力强；皮色黄褐，节间直，平均节距5.8cm，五列叶序；皮孔大，较密，圆形；冬芽正三角形，棕褐色，大小中等，贴生，副芽数量少；枝条根源体平，芽褥状态平，叶痕圆形。幼叶花色苷显色弱，顶端叶着生姿态平伸，叶柄着生姿态上举；植株叶片形状全叶、裂叶混生，叶面平展，全叶心形，浅绿色，叶尖长尾状，叶缘细锯齿，叶基截形，平均叶长21.0cm，叶幅16.1cm；叶面光滑，光泽性强，叶面缩皱程度弱，叶柄细长，平均3.8cm。广东省广州市白云区栽培，桑果始熟期3月中旬，易受微型虫危害，开花期遇雨水多的年份易感菌核病，耐寒性较弱。

【花果性状】广州市栽培米条总芽数21 ~ 31个，平均26.3个；米条坐果芽数20 ~ 28个，平均24.3个；坐果率87% ~ 97%，平均93%；米条坐果粒数50 ~ 94粒，平均74.5粒；单芽坐果数2 ~ 4粒，平均2.8粒。桑果短圆筒形，果形好，平均长径2.9cm，横径1.2cm，单果重2.8g，果柄长度1.2cm。鲜果紫黑色，风味酸甜，平均可溶性固形物5.0%，酸度6.4g/L，pH3.7，糖酸比7.8。

叶片

新梢

枝条

果实

挂果枝条

粤诱10

【资源来源】由广东省农业科学院蚕业与农产品加工研究所从人工多倍体诱导广东桑杂交后代中选择单株定向培育而成，属广东桑种，现保存于广东省蚕桑种质资源库。

【枝叶特征与栽培特性】树形稍开展，枝条细而长，主枝发条数少，侧枝萌发力弱；皮色棕褐，节间直，平均节距4.8cm，五列叶序；皮孔大小中等，稀，圆形；冬芽长三角形，棕褐色，小，尖离，副芽数量较少；枝条根源体凸，芽褥状态平，叶痕三角形。幼叶花色苷显色无，顶端叶着生姿态斜上，叶柄着生姿态上举；植株叶片形状全叶，叶面平展，叶长心形，浅绿色，叶尖长尾状，叶缘细圆齿，叶基截形，平均叶长21.0cm，叶幅14.5cm；叶面光滑，光泽性强，叶面缩皱程度弱，叶柄细长，平均4.2cm。广东省广州市白云区栽培，桑果始熟期3月中旬，易受微型虫危害，开花期遇雨水多的年份易感菌核病，耐寒性较弱。

【花果性状】广州市栽培米条总芽数27 ~ 32个，平均29.5个；米条坐果芽数21 ~ 31个，平均27.0个；坐果率66% ~ 99%，平均91.8%；米条坐果粒数99 ~ 167粒，平均133.5粒；单芽坐果数3 ~ 6粒，平均4.6粒。桑果中圆筒形，果形好，平均长径3.7cm，横径1.4cm，单果重3.8g，果柄长度0.9cm。鲜果紫黑色，酸甜可口，风味好，平均可溶性固形物5.5%，酸度5.3g/L，pH3.9，糖酸比10.5。

叶片

新梢

枝条

果实

挂果枝条

粤诱14

【资源来源】 由广东省农业科学院蚕业与农产品加工研究所从人工多倍体诱导广东桑杂交后代中选择单株定向培育而成，属广东桑种，现保存于广东省蚕桑种质资源库。

【枝叶特征与栽培特性】 树形稍开展，枝条粗度中等而直，主枝发条数少，侧枝萌发力弱；皮色青褐，节间直，平均节距4.7cm，五列叶序；皮孔大小中等，稀，圆形；冬芽正三角形，赤褐色，小，腹离，副芽无；枝条根源体平，芽褥状态微凸，叶痕三角形。幼叶花色苷显色弱，顶端叶着生姿态平伸，叶柄着生姿态上举；植株叶片形状全叶、裂叶混生，叶面平展，全叶心形，中绿色，叶尖双头状，叶缘细圆齿，叶基浅心形，平均叶长19.3cm，叶幅16.7cm；叶面光滑，光泽性中等，叶面缩皱程度中弱，叶柄细长，平均4.2cm。广东省广州市白云区栽培，桑果始熟期3月中旬，易受微型虫危害，开花期遇雨水多的年份易感菌核病，耐寒性较弱。

【花果性状】 广州市栽培米条总芽数26 ~ 32个，平均28.3个；米条坐果芽数13 ~ 19个，平均16.8个；坐果率50% ~ 67%，平均59%；米条坐果粒数59 ~ 87，平均73.2粒；单芽坐果数2 ~ 3粒，平均2.6粒。桑果长圆筒形，果形好，平均长径4.3cm，横径1.8cm，单果重5.6g，果柄长度1.6cm。鲜果紫黑色，风味酸甜，平均可溶性固形物6.1%，酸度9.6g/L，pH3.7，糖酸比6.4。

叶片

新梢

枝条

果实

挂果枝条

粤诱16

【资源来源】由广东省农业科学院蚕业与农产品加工研究所从人工多倍体诱导广东桑杂交后代中选择单株定向培育而成，属广东桑种，现保存于广东省蚕桑种质资源库。

【枝叶特征与栽培特性】树形稍开展，枝条粗而长，主枝发条数少，侧枝萌发力强；皮色赤褐，节间直，平均节距4.3cm，五列叶序；皮孔大，较稀，圆形；冬芽长三角形，赤褐色，大小中等，腹离，副芽无；枝条根源体平，芽褥状态平，叶痕半圆形。幼叶花色苷显色弱，顶端叶着生姿态平伸，叶柄着生姿态上举；植株叶片形状全叶，叶面平展，叶心形，深绿色，叶尖短尾状，叶缘粗圆齿，叶基深心形，平均叶长21.6cm，叶幅18.4cm；叶面光滑，光泽性强，叶面缩皱程度弱，叶柄细长，平均5.6cm。广东省广州市白云区栽培，桑果始熟期3月上中旬，易受微型虫危害，开花期遇雨水多的年份易感菌核病，耐寒性较弱。

【花果性状】广州市栽培米条总芽数23～29个，平均26.2个；米条坐果芽数12～21个，平均15.8个；坐果率50%～91%，平均61%；米条坐果粒数28～53粒，平均42.0粒；单芽坐果数1～2粒，平均1.6粒。桑果长圆筒形，果形好，平均长径4.2cm，横径1.5cm，单果重6.2g，果柄长度1.2cm。鲜果紫黑色，酸甜可口，风味好，平均可溶性固形物9.9%，酸度7.7g/L，pH3.6，糖酸比12.9。

叶片

新梢

枝条

果实

挂果枝条

粤诱18

【资源来源】由广东省农业科学院蚕业与农产品加工研究所从人工多倍体诱导广东桑杂交后代中选择单株定向培育而成，属广东桑种，现保存于广东省蚕桑种质资源库。

【枝叶特征与栽培特性】树形稍开展，枝条细而长，主枝发条数少，侧枝萌发力弱；皮色棕褐，节间直，平均节距3.8cm，五列叶序；皮孔大小中等，稀，圆形；冬芽正三角形，灰褐色，大小中等，腹离，副芽无；枝条根源体凸，芽褥状态微凸，叶痕圆形。幼叶花色苷显色中等，顶端叶着生姿态平伸，叶柄着生姿态上举；植株叶片形状全叶，叶面平展，叶心形，中绿色，叶尖长尾状，叶缘细锯齿，叶基浅心形，平均叶长19.9cm，叶幅19.4cm；叶面光滑，光泽性中等，叶面缩皱程度弱，叶柄细长，平均4.1cm。广东省广州市白云区栽培，桑果始熟期3月上中旬，易受微型虫危害，开花期遇雨水多的年份易感菌核病，耐寒性较弱。

【花果性状】广州市栽培米条总芽数21 ~ 34个，平均28.7个；米条坐果芽数11 ~ 18个，平均14.8个；坐果率42% ~ 81%，平均53%；米条坐果粒数31 ~ 62粒，平均45.7粒；单芽坐果数1 ~ 3粒，平均1.7粒。桑果畸形块状，平均长径4.3cm，横径1.6cm，单果重6.7g，果柄长度1.1cm。鲜果紫黑色，酸甜可口，风味好，平均可溶性固形物6.8%，酸度6.0g/L，pH3.6，糖酸比11.3。

叶片

新梢

枝条

果实

挂果枝条

粤诱20

【资源来源】由广东省农业科学院蚕业与农产品加工研究所从人工多倍体诱导广东桑杂交后代中选择单株定向培育而成，属广东桑种，现保存于广东省蚕桑种质资源库。

【枝叶特征与栽培特性】树形稍开展，枝条粗而长，主枝发条数少，侧枝萌发力弱；皮色青褐，节间直，平均节距4.8cm，八列叶序；皮孔大小中等，较密，圆形；冬芽长三角形，紫褐色，中，尖离，副芽数量少；枝条根源体平，芽褥状态微凸，叶痕圆形。幼叶花色苷显色强，顶端叶着生姿态平伸，叶柄着生姿态上举；植株叶片形状全叶，叶面平展，叶心形，浅绿色，叶尖长尾状，叶缘细圆齿，叶基深心形，平均叶长24.2cm，叶幅19.9cm；叶面光滑，光泽性强，叶面缩皱程度弱，叶柄细长，平均6.5cm。广东省广州市白云区栽培，桑果始熟期3月上中旬，易受微型虫危害，开花期遇雨水多的年份易感菌核病，耐寒性较弱。

【花果性状】广州市栽培米条总芽数22 ～ 29个，平均25.3个；米条坐果芽数19 ～ 25个，平均23.0个；坐果率83% ～ 100%，平均91%；米条坐果粒数81 ～ 119粒，平均96.5粒；单芽坐果数3 ～ 5粒，平均3.8粒。桑果中圆筒形，果形好，平均长径3.9cm，横径1.7cm，单果重5.5g，果柄长度1.3cm。鲜果紫黑色，酸甜可口，风味好，平均可溶性固形物6.7%，酸度4.7g/L，pH4.0，糖酸比14.1。

叶片

新梢

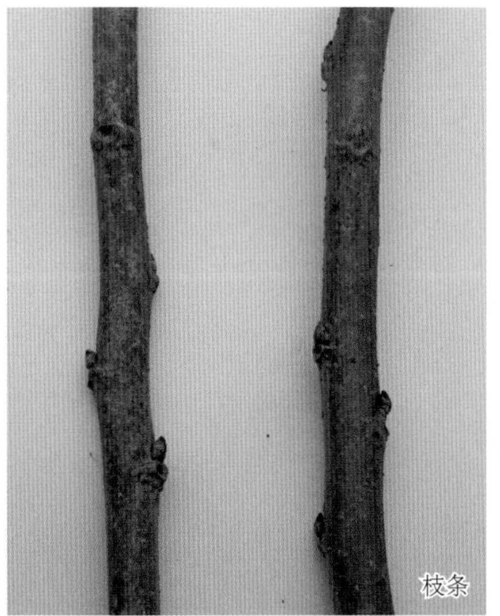
枝条

果实

挂果枝条

粤诱21

【资源来源】 由广东省农业科学院蚕业与农产品加工研究所从人工多倍体诱导广东桑杂交后代中选择单株定向培育而成，属广东桑种，现保存于广东省蚕桑种质资源库。

【枝叶特征与栽培特性】 树形稍开展，枝条粗度中等而长，主枝发条数少，侧枝萌发力弱；皮色黄褐，节间直，平均节距5.8cm，五列叶序；皮孔大，稀，椭圆形；冬芽正三角形，赤褐色，小，腹离，副芽无；枝条根源体微凸，芽褥状态微凸，叶痕圆形。幼叶花色苷显色弱，顶端叶着生姿态平伸，叶柄着生姿态上举；植株叶片形状全叶、裂叶混生，叶面平展，全叶长心形，中绿色，叶尖短尾状，叶缘细圆齿，叶基截形，平均叶长24.2cm，叶幅19.1cm；叶面光滑，光泽性强，叶面缩皱程度弱，叶柄细长，平均4.4cm。广东省广州市白云区栽培，桑果始熟期3月上中旬，易受微型虫危害，开花期遇雨水多的年份易感菌核病，耐寒性较弱。

【花果性状】 广州市栽培米条总芽数17 ~ 27个，平均21.2个；米条坐果芽数7 ~ 17个，平均11.8个；坐果率37% ~ 85%，平均56%；米条坐果粒数13 ~ 35粒，平均25.3粒；单芽坐果数1 ~ 2粒，平均1.2粒。桑果中圆筒形，果形好，平均长径3.6cm，横径1.7cm，单果重5.3g，果柄长度2.0cm。鲜果紫黑色，酸甜可口，风味好，平均可溶性固形物7.9%，酸度9.0g/L，pH3.6，糖酸比8.8。

叶片

新梢

枝条

果实

挂果枝条

粤诱22

【资源来源】由广东省农业科学院蚕业与农产品加工研究所从人工多倍体诱导广东桑杂交后代中选择单株定向培育而成，属广东桑种，现保存于广东省蚕桑种质资源库。

【枝叶特征与栽培特性】树形稍开展，枝条粗而长，主枝发条数少，侧枝萌发力强；皮色赤褐，节间直，平均节距4.6cm，八列叶序；皮孔大，较密，圆形；冬芽正三角形，棕褐色，大小中等，腹离，副芽数量少；枝条根源体微凸，芽褥状态微凸，叶痕半圆形。幼叶花色苷显色中等，顶端叶着生姿态平伸，叶柄着生姿态上举；植株叶片形状全叶，叶面平展，叶心形，中绿色，叶尖短尾状，叶缘粗圆齿，叶基深心形，平均叶长22.8cm，叶幅21.3cm；叶面光滑，光泽性强，叶面缩皱程度弱，叶柄细长，平均5.2cm。广东省广州市白云区栽培，桑果始熟期3月上中旬，易受微型虫危害，开花期遇雨水多的年份易感菌核病，耐寒性较弱。

【花果性状】广州市栽培米条总芽数26 ~ 30个，平均28.2个；米条坐果芽数7 ~ 21个，平均17.2个；坐果率27% ~ 78%，平均61%；米条坐果粒数19 ~ 49粒，平均41.5粒；单芽坐果数1 ~ 2粒，平均1.5粒。桑果中圆筒形，果形好，平均长径3.9cm，横径1.6cm，单果重6.4g，果柄长度1.0cm。鲜果紫黑色，风味酸甜，平均可溶性固形物7.5%，酸度11.8g/L，pH3.5，糖酸比6.4。

叶片

新梢

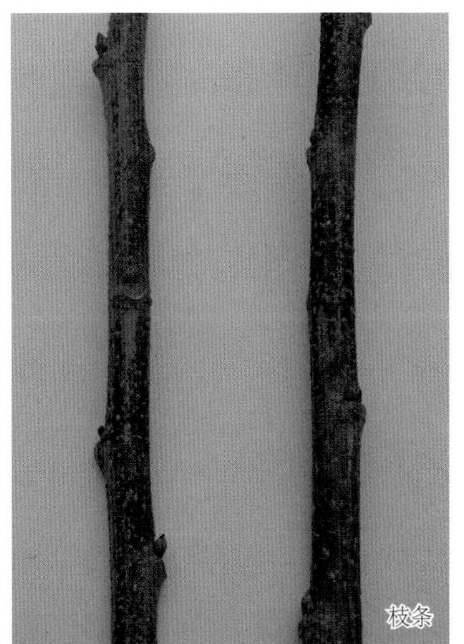
枝条

果实

挂果枝条

粤诱25

【资源来源】由广东省农业科学院蚕业与农产品加工研究所从人工多倍体诱导广东桑杂交后代中选择单株定向培育而创制，属广东桑种，现保存于广东省蚕桑种质资源库。

【枝叶特征与栽培特性】树形稍开展，枝条细而长，主枝发条数少，侧枝萌发力弱；皮色棕褐，节间直，平均节距5.9cm，五列叶序；皮孔大，较密，圆形；冬芽卵圆形，紫褐色，大，腹离，副芽无；枝条根源体凸，芽褥状态平，叶痕圆形。幼叶花色苷显色中等，顶端叶着生姿态平伸，叶柄着生姿态上举；植株叶片形状全叶、裂叶混生，叶面平展，全叶长心形，浅绿色，叶尖长尾状，叶缘细圆齿，叶基浅心形，平均叶长21.7cm，叶幅18.0cm；叶面光滑，光泽性中等，叶面缩皱程度弱，叶柄细长，平均4.3cm。广东省广州市白云区栽培，桑果始熟期3月上中旬，易受微型虫危害，开花期遇雨水多的年份易感菌核病，耐寒性较弱。

【花果性状】广州市栽培米条总芽数23 ~ 37个，平均28.7个；米条坐果芽数11 ~ 31个，平均19.3个；坐果率48% ~ 84%，平均66%；米条坐果粒数43 ~ 64粒，平均50.2粒；单芽坐果数1 ~ 2粒，平均1.8粒。桑果长圆筒形，果形好，平均长径4.3cm，横径1.5cm，单果重6.2g，果柄长度1.1cm。鲜果紫黑色，酸甜可口，风味好，平均可溶性固形物7.4%，酸度6.4g/L，pH3.8，糖酸比11.6。

叶片

新梢

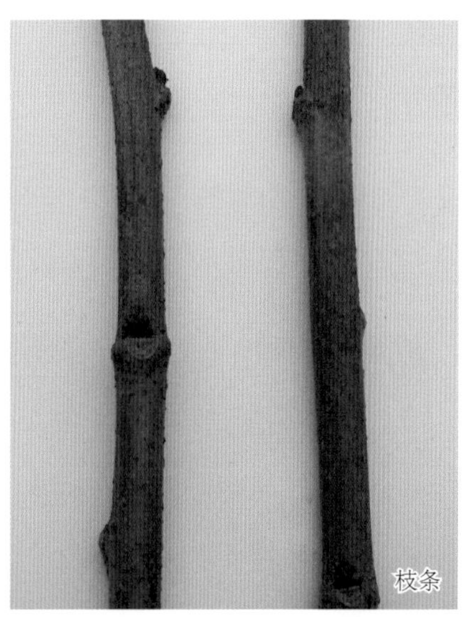
枝条

果实

挂果枝条

粤诱31

【资源来源】由广东省农业科学院蚕业与农产品加工研究所从人工多倍体诱导广东桑杂交后代中选择单株定向培育而成，属广东桑种，现保存于广东省蚕桑种质资源库。

【枝叶特征与栽培特性】树形稍开展，枝条细而长，主枝发条数少，侧枝萌发力强；皮色青褐，节间直，平均节距4.2cm，八列叶序；皮孔大，较稀，圆形；冬芽长三角形，棕褐色，大，贴生，副芽数量较少；枝条根源体平，芽褥状态微凸，叶痕三角形。幼叶花色苷显色中等，顶端叶着生姿态平伸，叶柄着生姿态上举；植株叶片形状全叶，叶面平展，叶心形，浅绿色，叶尖短尾状，叶缘粗圆齿，叶基深心形，平均叶长22.2cm，叶幅19.7cm；叶面光滑，光泽性中等，叶面缩皱程度弱，叶柄细长，平均4.2cm。广东省广州市白云区栽培，桑果始熟期3月上中旬，易受微型虫危害，开花期遇雨水多的年份易感菌核病，耐寒性较弱。

【花果性状】广州市栽培米条总芽数17 ~ 32个，平均24.7个；米条坐果芽数8 ~ 16个，平均12.2个；坐果率32% ~ 67%，平均50%；米条坐果粒数16 ~ 53粒，平均34.2粒；单芽坐果数1 ~ 2粒，平均1.4粒。桑果长圆筒形，果形好，平均长径4.0cm，横径1.5cm，单果重4.7g，果柄长度1.5cm。鲜果紫黑色，酸甜可口，风味好，平均可溶性固形物7.1%，酸度4.2g/L，pH3.9，糖酸比16.8。

叶片

新梢

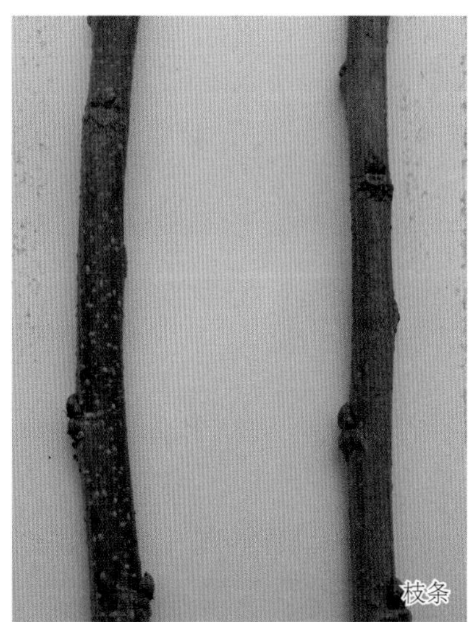

枝条

果实

挂果枝条

粤诱32

【资源来源】由广东省农业科学院蚕业与农产品加工研究所从人工多倍体诱导广东桑杂交后代中选择单株定向培育而成，属广东桑种，现保存于广东省蚕桑种质资源库。

【枝叶特征与栽培特性】树形稍开展，枝条粗度中等而长，主枝发条数少，侧枝萌发力弱；皮色赤褐，节间直，平均节距5.3cm，五列叶序；皮孔大，较稀，圆形；冬芽长三角形，紫褐色，大，腹离，副芽数量少；枝条根源体平，芽褥状态平，叶痕三角形。幼叶花色苷显色中等，顶端叶着生姿态平伸，叶柄着生姿态上举；植株叶片形状全叶，叶面平展，叶心形，中绿色，叶尖短尾状，叶缘细圆齿，叶基浅心形，平均叶长27.8cm，叶幅24.1cm；叶面光滑，光泽性中弱，叶面缩皱程度弱，叶柄细长，平均5.2cm。广东省广州市白云区栽培，桑果始熟期3月上中旬，易受微型虫危害，开花期遇雨水多的年份易感菌核病，耐寒性较弱。

【花果性状】广州市栽培米条总芽数20～43个，平均26.0个；米条坐果芽数11～26个，平均15.3个；坐果率44%～71%，平均59%；米条坐果粒数32～46粒，平均38.5粒；单芽坐果数1～2粒，平均1.6粒。桑果长圆筒形，果形好，平均长径4.2cm，横径1.5cm，单果重4.9g，果柄长度1.4cm。鲜果紫黑色，酸甜可口，风味好，平均可溶性固形物7.2%，酸度4.7g/L，pH4.0，糖酸比15.2。

叶片

新梢

枝条

果实

挂果枝条

粤诱33

【资源来源】由广东省农业科学院蚕业与农产品加工研究所从人工多倍体诱导广东桑杂交后代中选择单株定向培育而成，属广东桑种，现保存于广东省蚕桑种质资源库。

【枝叶特征与栽培特性】树形开展，枝条细而长，主枝发条数多，侧枝萌发力弱；皮色黄褐，节间直，平均节距4.4cm，絮乱叶序；皮孔大，稀，圆形。冬芽卵圆形，黄褐色，大小中等，尖离，副芽无；枝条根源体平，芽褥状态平，叶痕圆形。幼叶花色苷显色强，顶端叶着生姿态斜上，叶柄着生姿态上举；植株叶片形状全叶，叶面平展，叶心形，深绿色，叶尖长尾状，叶缘粗圆齿，叶基深心形，平均叶长14.3cm，叶幅11.2cm，叶面光滑，光泽性较强，叶面缩皱程度弱，叶柄细长，平均4.9cm。广东省广州市白云区栽培，桑果始熟期3月上中旬，易受微型虫危害，开花期遇雨水多的年份易感菌核病，耐寒性较弱。

【花果性状】广州市栽培米条总芽数25～39个，平均31个；米条坐果芽数19～32个，平均28个；坐果率86%～96%，平均92.1%；米条坐果粒数87～152粒，平均131粒；单芽坐果数3～6粒，平均4.3粒。桑果长圆筒形，果形微卷曲，平均长径4.1cm，横径1.5cm，单果重5.2g，果柄长度1.0cm。鲜果紫黑色，酸甜可口，风味好，平均可溶性固形物8.6%，酸度5.0g/L，pH3.8，糖酸比17.2。

叶片

新梢

枝条

果实

挂果枝条

粤诱34

【资源来源】 由广东省农业科学院蚕业与农产品加工研究所从人工多倍体诱导广东桑杂交后代中选择单株定向培育而成，属广东桑种，现保存于广东省蚕桑种质资源库。

【枝叶特征与栽培特性】 树形稍开展，枝条细而长，主枝发条数少，侧枝萌发力弱；皮色赤褐，节间直，平均节距5.4cm，五列叶序；皮孔大小中等，较稀，圆形；冬芽长三角形，棕褐色，大，腹离，副芽数量少；枝条根源体平，芽褥状态微凸，叶痕圆形。幼叶花色苷显色弱，顶端叶着生姿态平伸，叶柄着生姿态上举；植株叶片形状全叶，叶面平展，叶心形，中绿色，叶尖短尾状，叶缘细锯齿，叶基浅心形，平均叶长22.9cm，叶幅19.8cm；叶面光滑，光泽性中等，叶面缩皱程度弱，叶柄细长，平均4.9cm。广东省广州市白云区栽培，桑果始熟期3月上中旬，易受微型虫危害，开花期遇雨水多的年份易感菌核病，耐寒性较弱。

【花果性状】 广州市栽培米条总芽数19 ~ 29个，平均25.2个；米条坐果芽数12 ~ 21个，平均18.2个；坐果率63% ~ 76%，平均72%；米条坐果粒数43 ~ 79粒，平均60.3粒；单芽坐果数2 ~ 3粒，平均2.4粒。桑果长圆筒形，果形好，平均长径4.0cm，横径1.6cm，单果重6.8g，果柄长度1.2cm。鲜果紫黑色，酸甜可口，风味好，平均可溶性固形物7.2%，酸度3.7g/L，pH4.3，糖酸比19.4。

叶片

新梢

枝条

果实

挂果枝条

粤诱36

【资源来源】由广东省农业科学院蚕业与农产品加工研究所从人工多倍体诱导广东桑杂交后代中选择单株定向培育而成，属广东桑种，现保存于广东省蚕桑种质资源库。

【枝叶特征与栽培特性】树形稍开展，枝条粗而长，主枝发条数少，侧枝萌发力中等；皮色黄褐，节间直，平均节距5.3cm，五列叶序；皮孔大小中等，较稀，圆形；冬芽长三角形，紫褐色，大小中等，斜生，副芽数量少；枝条根源体微凸，芽褥状态微凸，叶痕圆形。幼叶花色苷显色弱，顶端叶着生姿态平伸，叶柄着生姿态上举；植株叶片形状全叶、裂叶混生，叶面平展，全叶心形，中绿色，叶尖长尾状，叶缘细锯齿，叶基浅心形，平均叶长22.9cm，叶幅20.6cm；叶面光滑，光泽性强，叶面缩皱程度弱，叶柄细长，平均4.9cm。广东省广州市天河区栽培，桑果始熟期3月中旬，易受微型虫危害，开花期遇雨水多的年份易感菌核病，耐寒性较弱。

【花果性状】广州市栽培米条总芽数21 ~ 31个，平均24.3个；米条坐果芽数15 ~ 28个，平均20.2个；坐果率71% ~ 90%，平均82%；米条坐果粒数68 ~ 174粒，平均102.2粒；单芽坐果数3 ~ 6粒，平均4.1粒。桑果长圆筒形，果形好，平均长径3.5cm，横径1.8cm，单果重6.3g，果柄长度1.1cm。鲜果紫黑色，酸甜可口，风味好，平均可溶性固形物7.0%，酸度4.1g/L，pH4.3，糖酸比17.1。

叶片

新梢

枝条

果实

挂果枝条

粤诱39

【资源来源】由广东省农业科学院蚕业与农产品加工研究所从人工多倍体诱导广东桑杂交后代中选择单株定向培育而成，属广东桑种，现保存于广东省蚕桑种质资源库。

【枝叶特征与栽培特性】树形稍开展，枝条粗度中等而长，主枝发条数少，侧枝萌发力弱；皮色赤褐，节间直，平均节距5.3cm，五列叶序；皮孔大，稀，椭圆形；冬芽正三角形，棕褐色，大小中等，腹离，副芽数量少；枝条根源体凸，芽褥状态微凸，叶痕圆形。幼叶花色苷显色强，顶端叶着生姿态斜上，叶柄着生姿态上举；植株叶片形状全叶、裂叶混生，叶面平展，全叶心形，浅绿色，叶尖长尾状，叶缘细圆齿，叶基深心形，平均叶长21.3cm，叶幅20.5cm；叶面光滑，光泽性强，叶面缩皱程度弱，叶柄细长，平均3.9cm。广东省广州市白云区栽培，桑果始熟期3月上中旬，易受微型虫危害，开花期遇雨水多的年份易感菌核病，耐寒性较弱。

【花果性状】广州市栽培米条总芽数17 ~ 25个，平均19.3个；米条坐果芽数7 ~ 12个，平均9.8个；坐果率41% ~ 60%，平均51%；米条坐果粒数21 ~ 55粒，平均34.2粒；单芽坐果数1 ~ 3粒，平均1.8粒。桑果中圆筒形，果形好，平均长径3.7cm，横径1.6cm，单果重4.8g，果柄长度1.9cm。鲜果紫黑色，酸甜可口，风味好，平均可溶性固形物7.6%，酸度5.9g/L，pH3.9，糖酸比12.9。

叶片

新梢

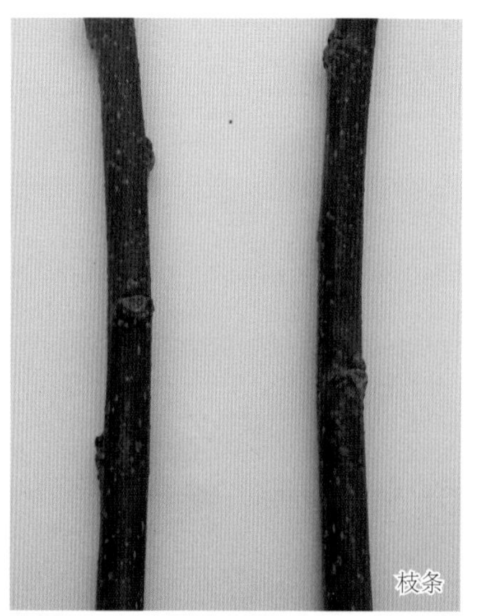
枝条

果实

挂果枝条

粤诱40

【资源来源】由广东省农业科学院蚕业与农产品加工研究所从人工多倍体诱导广东桑杂交后代中选择单株定向培育而成，属广东桑种，现保存于广东省蚕桑种质资源库。

【枝叶特征与栽培特性】树形稍开展，枝条细而长，主枝发条数少，侧枝萌发力弱；皮色青褐，节间直，平均节距5.0cm，五列叶序；皮孔大小中等，稀，圆形；冬芽长三角形，棕褐色，大小中等，尖离，副芽数量少；枝条根源体平，芽褥状态微凸，叶痕半圆形。幼叶花色苷显色弱，顶端叶着生姿态平伸，叶柄着生姿态上举；植株叶片形状全叶，叶面平展，叶心形，浅绿色，叶尖短尾状，叶缘细圆齿，叶基浅心形，平均叶长20.1cm，叶幅18.6cm；叶面光滑，光泽性弱，叶面缩皱程度弱，叶柄细长，平均3.6cm。广东省广州市白云区栽培，桑果始熟期3月上中旬，易受微型虫危害，开花期遇雨水多的年份易感菌核病，耐寒性较弱。

【花果性状】广州市栽培米条总芽数22 ~ 26个，平均24.0个；米条坐果芽数18 ~ 23个，平均19.8个；坐果率75% ~ 93%，平均82%；米条坐果粒数34 ~ 52粒，平均39.0粒；单芽坐果数2.1 ~ 2.8粒，平均2.6粒。桑果畸形块状，平均长径4.0cm，横径1.6cm，单果重4.0g，果柄长度1.7cm。鲜果紫黑色，酸甜可口，风味好，平均可溶性固形物4.3%，酸度4.9g/L，pH3.6，糖酸比8.8。

叶片

新梢

枝条

果实

挂果枝条

粤诱46

【资源来源】由广东省农业科学院蚕业与农产品加工研究所从人工多倍体诱导广东桑杂交后代中选择单株定向培育而成，属广东桑种，现保存于广东省蚕桑种质资源库。

【枝叶特征与栽培特性】树形稍开展，枝条细而长，主枝发条数少，侧枝萌发力弱；皮色黄褐，节间直，平均节距5.1cm，五列叶序；皮孔大小中等，稀，圆形；冬芽正三角形，紫褐色，大小中等，腹离，副芽数量少；枝条根源体平，芽褥状态平，叶痕半圆形。幼叶花色苷显色弱，顶端叶着生姿态平伸，叶柄着生姿态上举；植株叶片形状全叶、裂叶混生，叶面平展，全叶长心形，中绿色，叶尖长尾状，叶缘细锯齿，叶基浅心形，平均叶长22.9cm，叶幅20.3cm；叶面光滑，光泽性强，叶面缩皱程度弱，叶柄细长，平均4.9cm。广东省广州市白云区栽培，桑果始熟期3月上中旬，易受微型虫危害，开花期遇雨水多的年份易感菌核病，耐寒性较弱。

【花果性状】广州市栽培米条总芽数21 ~ 30个，平均25.0个；米条坐果芽数10 ~ 25个，平均17.0个；坐果率43% ~ 96%，平均69%；米条坐果粒数23 ~ 100粒，平均50.5粒；单芽坐果数1 ~ 4粒，平均2.0粒。桑果中圆筒形，果形好，平均长径3.9cm，横径1.6cm，单果重5.9g，果柄长度9.4cm。鲜果紫黑色，酸甜可口，风味好，平均可溶性固形物5.4%，酸度3.7g/L，pH4.2，糖酸比14.5。

叶片

新梢

枝条

果实

挂果枝条

粤诱51

【资源来源】由广东省农业科学院蚕业与农产品加工研究所从人工多倍体诱导广东桑杂交后代中选择单株定向培育而成，属广东桑种，现保存于广东省蚕桑种质资源库。

【枝叶特征与栽培特性】树形稍开展，枝条粗而长，主枝发条数少，侧枝萌发力弱；皮色赤褐，节间直，平均节距5.9cm，八列叶序；皮孔大，较稀，圆形；冬芽正三角形，紫褐色，大，贴生，副芽数量少；枝条根源体平，芽褥状态微凸，叶痕三角形。幼叶花色苷显色弱，顶端叶着生姿态平伸，叶柄着生姿态上举；植株叶片形状全叶，叶面平展，叶心形，深绿色，叶尖短尾状，叶缘细锯齿，叶基深心形，平均叶长22.2cm，叶幅21.1cm；叶面光滑，光泽性中等，叶面缩皱程度中，叶柄细长，平均5.1cm。广东省广州市白云区栽培，桑果始熟期3月中旬，易受微型虫危害，开花期遇雨水多的年份易感菌核病，耐寒性较弱。

【花果性状】广州市栽培米条总芽数24 ~ 36个，平均30.3个；米条坐果芽数12 ~ 34个，平均20.7个；坐果率44% ~ 100%，平均68%；米条坐果粒数22 ~ 143粒，平均60.3粒；单芽坐果数1 ~ 4粒，平均2.0粒。桑果短圆筒形，果形好，平均长径3.3cm，横径1.4cm，单果重4.3g，果柄长度1.2cm。鲜果紫黑色，酸甜可口，风味好，平均可溶性固形物6.4%，酸度4.9g/L，pH3.7，糖酸比13.2。

叶片

新梢

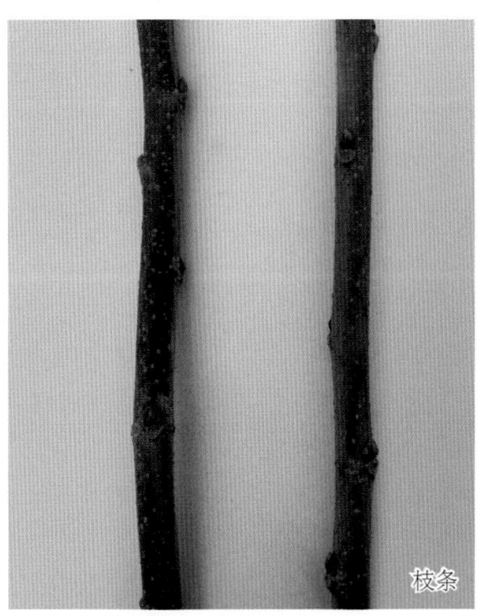

枝条

果实

挂果枝条

粤诱56

【资源来源】由广东省农业科学院蚕业与农产品加工研究所从人工多倍体诱导广东桑杂交后代中选择单株定向培育而成，属广东桑种，现保存于广东省蚕桑种质资源库。

【枝叶特征与栽培特性】树形稍开展，枝条细而长，主枝发条数少，侧枝萌发力弱；皮色棕褐，节间直，平均节距6.0cm，絮乱叶序；皮孔大，稀，圆形；冬芽正三角形，黄褐色，大，斜生，副芽无；枝条根源体凸，芽褥状态平，叶痕圆形。幼叶花色苷显色弱，顶端叶着生姿态平伸，叶柄着生姿态上举；植株叶片形状全叶，叶面外卷，叶心形，浅绿色，叶尖短尾状，叶缘粗圆齿，叶基浅心形，平均叶长26.2cm，叶幅22.8cm；叶面光滑，光泽性中等，叶面缩皱程度弱，叶柄细长，平均6.4cm。广东省广州市白云区栽培，桑果始熟期3月中旬，易受微型虫危害，开花期遇雨水多的年份易感菌核病，耐寒性较弱。

【花果性状】广州市栽培米条总芽数19 ~ 23个，平均21.7个；米条坐果芽数14 ~ 17个，平均16.2个；坐果率61% ~ 84%，平均75%；米条坐果粒数48 ~ 78粒，平均60.8粒；单芽坐果数2 ~ 3粒，平均2.8粒。桑果畸形块状，平均长径4.0cm，横径1.9cm，单果重9.2g，果柄长度1.9cm。鲜果紫黑色，风味酸甜，平均可溶性固形物5.3%，酸度12.5g/L，pH3.1，糖酸比4.2。

叶片

新梢

枝条

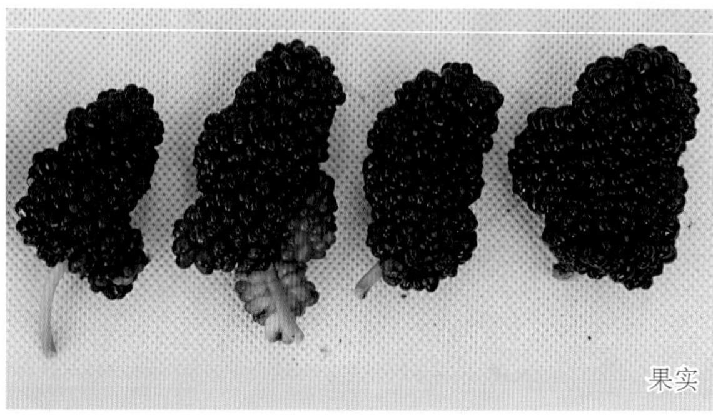
果实

挂果枝条

粤诱63

【资源来源】由广东省农业科学院蚕业与农产品加工研究所从人工多倍体诱导广东桑杂交后代中选择单株定向培育而成，属广东桑种，现保存于广东省蚕桑种质资源库。

【枝叶特征与栽培特性】树形稍开展，枝条粗而长，主枝发条数少，侧枝萌发力强；皮色青褐，节间直，平均节距4.5cm，五列叶序；皮孔大，较稀，圆形；冬芽长三角形，棕褐色，小，尖离，副芽数量少；枝条根源体平，芽褥状态微凸，叶痕圆形。幼叶花色苷显色弱，顶端叶着生姿态平伸，叶柄着生姿态上举；植株叶片形状全叶，叶面平展，叶长心形，中绿色，叶尖长尾状，叶缘细圆齿，叶基浅心形，平均叶长25.6cm，叶幅22.4cm；叶面光滑，光泽性中等，叶面缩皱程度弱，叶柄细长，平均5.8cm。广东省广州市白云区栽培，桑果始熟期3月上中旬，易受微型虫危害，开花期遇雨水多的年份易感菌核病，耐寒性较弱。

【花果性状】广州市栽培米条总芽数25～34个，平均28.0个；米条坐果芽数15～30个，平均21.7个；坐果率58%～88%，平均77%；米条坐果粒数32～89粒，平均58.0粒；单芽坐果数1～3粒，平均2.0粒。桑果长圆筒形，果形好，平均长径5.0cm，横径1.6cm，单果重6.6g，果柄长度1.5cm。鲜果紫黑色，风味酸甜，平均可溶性固形物5.9%，酸度8.1g/L，pH3.6，糖酸比7.3。

叶片

新梢

枝条

果实

挂果枝条

粤诱70

【资源来源】由广东省农业科学院蚕业与农产品加工研究所从人工多倍体诱导广东桑杂交后代中选择单株定向培育而成，属广东桑种，现保存于广东省蚕桑种质资源库。

【枝叶特征与栽培特性】树形稍开展，枝条细而长，主枝发条数少，侧枝萌发力弱；皮色赤褐，节间直，平均节距4.9cm，五列叶序；皮孔大，较密，椭圆形；冬芽正三角形，紫褐色，大，斜生，副芽数量少；枝条根源体凸，芽褥状态微凸，叶痕圆形。幼叶花色苷显色中等，顶端叶着生姿态平伸，叶柄着生姿态上举；植株叶片形状全叶、裂叶混生，叶面平展，全叶心形，深绿色，叶尖短尾状，叶缘细圆齿，叶基深心形，平均叶长24.7cm，叶幅23.9cm；叶面光滑，光泽性中等，叶面缩皱程度弱，叶柄细长，平均5.9cm。广东省广州市白云区栽培，桑果始熟期3月上中旬，易受微型虫危害，开花期遇雨水多的年份易感菌核病，耐寒性较弱。

【花果性状】广州市栽培米条总芽数24～27个，平均25.8个；米条坐果芽数20～26个，平均22.8个；坐果率78%～96%，平均88%；米条坐果粒数75～140粒，平均114.0粒；单芽坐果数3～6粒，平均4.4粒。桑果长圆筒形，果形好，平均长径4.2cm，横径1.6cm，单果重6.5g，果柄长度1.1cm。鲜果紫黑色，风味酸甜，平均可溶性固形物4.9%，酸度8.1g/L，pH3.3，糖酸比6.1。

叶片

新梢

枝条

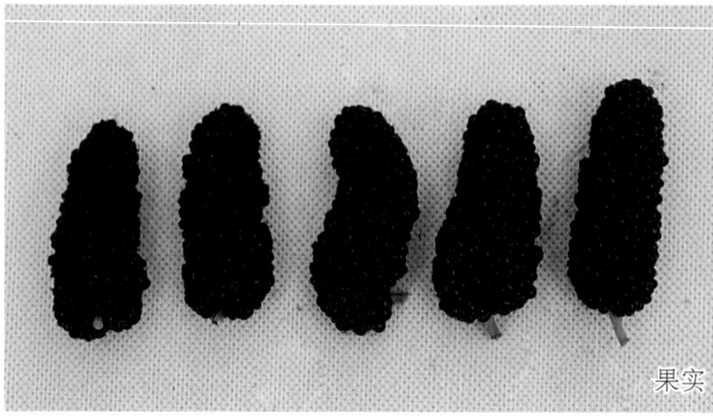
果实

挂果枝条

粤诱72

【资源来源】由广东省农业科学院蚕业与农产品加工研究所从人工多倍体诱导广东桑杂交后代中选择单株定向培育而成，属广东桑种，现保存于广东省蚕桑种质资源库。

【枝叶特征与栽培特性】树形稍开展，枝条粗而长，主枝发条数少，侧枝萌发力强；皮色赤褐，节间直，平均节距5.2cm，八列叶序；皮孔大，较密，圆形；冬芽长三角形，紫褐色，小，斜生，副芽无；枝条根源体微凸，芽褥状态微凸，叶痕三角形。幼叶花色苷显色较强，顶端叶着生姿态平伸，叶柄着生姿态上举；植株叶片形状全叶、裂叶混生，叶面平展，全叶长心形，浅绿色，叶尖短尾状，叶缘细锯齿，叶基楔形，平均叶长26.0cm，叶幅18.3cm；叶面光滑，光泽性强，叶面缩皱程度弱，叶柄细长，平均5.0cm。广东省广州市白云区栽培，桑果始熟期3月上中旬，易受微型虫危害，开花期遇雨水多的年份易感菌核病，耐寒性较弱。

【花果性状】广州市栽培米条总芽数19～28个，平均24.7个；米条坐果芽数6～22个，平均11.7个；坐果率24%～96%，平均48%；米条坐果粒数7～87粒，平均28.8粒；单芽坐果数0.2～4粒，平均1.2粒。桑果短圆筒形，果形好，平均长径3.4cm，横径1.5cm，单果重3.8g，果柄长度1.6cm。鲜果紫黑色，酸甜可口，风味好，平均可溶性固形物6.3%，酸度5.4g/L，pH3.9，糖酸比11.7。

叶片

新梢

枝条

果实

挂果枝条

粤诱73

【资源来源】由广东省农业科学院蚕业与农产品加工研究所从人工多倍体诱导广东桑杂交后代中选择单株定向培育而成，属广东桑种，现保存于广东省蚕桑种质资源库。

【枝叶特征与栽培特性】树形稍开展，枝条粗度中等而直，主枝发条数少，侧枝萌发力中等；皮色黄褐，节间直，平均节距4.9cm，八列叶序；皮孔大，稀，椭圆形；冬芽长三角形，棕褐色，大小中等，斜生，副芽无；枝条根源体平，芽褥状态微凸，叶痕三角形。幼叶花色苷显色弱，顶端叶着生姿态平伸，叶柄着生姿态上举；植株叶片形状全叶，叶面平展，叶长心形，深绿色，叶尖短尾状，叶缘细锯齿，叶基浅心形，平均叶长23.3cm，叶幅17.0cm；叶面光滑，光泽性中等，叶面缩皱程度弱，叶柄细长，平均5.2cm。广东省广州市白云区栽培，桑果始熟期3月上中旬，易受微型虫危害，开花期遇雨水多的年份易感菌核病，耐寒性较弱。

【花果性状】广州市栽培米条总芽数19 ~ 31个，平均27.2个；米条坐果芽数8 ~ 27个，平均18.0个；坐果率42% ~ 87%，平均65%；米条坐果粒数51 ~ 70粒，平均61.5粒；单芽坐果数2 ~ 3粒，平均2.3粒。桑果中圆筒形，果形好，平均长径3.8cm，横径1.7cm，单果重6.0g，果柄长度1.4cm。鲜果紫黑色，风味酸甜，平均可溶性固形物6.0%，酸度8.2g/L，pH3.5，糖酸比7.3。

粤诱74

【资源来源】由广东省农业科学院蚕业与农产品加工研究所从人工多倍体诱导广东桑杂交后代中选择单株定向培育而成，属广东桑种，现保存于广东省蚕桑种质资源库。

【枝叶特征与栽培特性】树形稍开展，枝条细而长，主枝发条数少，侧枝萌发力弱；皮色黄褐，节间直，平均节距4.7cm，八列叶序；皮孔小，较密，圆形；冬芽正三角形，赤褐色，小，贴生，副芽无；枝条根源体平，芽褥状态微凸，叶痕半圆形。幼叶花色苷显色较强，顶端叶着生姿态平伸，叶柄着生姿态上举；植株叶片形状全叶，叶面平展，叶长心形，中绿色，叶尖长尾状，叶缘细圆齿，叶基截形，平均叶长29.3cm，叶幅21.5cm；叶面光滑，光泽性强，叶面缩皱程度弱，叶柄细长，平均5.7cm。广东省广州市白云区栽培，桑果始熟期3月上中旬，易受微型虫危害，开花期遇雨水多的年份易感菌核病，耐寒性较弱。

【花果性状】广州市栽培米条总芽数20～32个，平均24.7个；米条坐果芽数11～18个，平均13.2个；坐果率38%～72%，平均54%；米条坐果粒数22～39粒，平均29.7粒；单芽坐果数1～1.5粒，平均1.2粒。桑果中圆筒形，果形好，平均长径3.8cm，横径1.6cm，单果重4.4g，果柄长度1.1cm。鲜果紫黑色，酸甜可口，风味好，平均可溶性固形物6.8%，酸度3.8g/L，pH4.1，糖酸比17.7。

叶片

新梢

枝条

果实

挂果枝条

粤诱77

【资源来源】 由广东省农业科学院蚕业与农产品加工研究所从人工多倍体诱导广东桑杂交后代中选择单株定向培育而成，属广东桑种，现保存于广东省蚕桑种质资源库。

【枝叶特征与栽培特性】 树形稍开展，枝条细而长，主枝发条数少，侧枝萌发力弱；皮色棕褐，节间直，平均节距4.4cm，八列叶序；皮孔大，稀，椭圆形；冬芽长三角形，赤褐色，大，斜生，副芽数量少；枝条根源体微凸，芽褥状态微凸，叶痕圆形。幼叶花色苷显色无，顶端叶着生姿态平伸，叶柄着生姿态上举；植株叶片形状全叶、裂叶混生，叶面平展，全叶心形，中绿色，叶尖长尾状，叶缘细锯齿，叶基深心形，平均叶长18.0cm，叶幅14.5cm；叶面光滑，光泽性中等，叶面缩皱程度弱，叶柄细长，平均4.0cm。广东省广州市白云区栽培，桑果始熟期3月上中旬，易受微型虫危害，开花期遇雨水多的年份易感菌核病，耐寒性较弱。

【花果性状】 广州市栽培米条总芽数25～33个，平均27.3个；米条坐果芽数12～22个，平均15.5个；坐果率48%～79%，平均57%；米条坐果粒数54～68粒，平均60.0粒；单芽坐果数1～2粒，平均2.2粒。桑果中圆筒形，果形好，平均长径3.8cm，横径1.6cm，单果重5.1g，果柄长度1.1cm。鲜果紫黑色，酸甜可口，风味好，平均可溶性固形物6.4%，酸度6.0g/L，pH3.7，糖酸比10.6。

叶片

新梢

枝条

果实

挂果枝条

粤诱86

【资源来源】由广东省农业科学院蚕业与农产品加工研究所从人工多倍体诱导广东桑杂交后代中选择单株定向培育而成，属广东桑种，现保存于广东省蚕桑种质资源库。

【枝叶特征与栽培特性】树形稍开展，枝条细而长，主枝发条数少，侧枝萌发力弱；皮色赤褐，节间直，平均节距3.9cm，八列叶序；皮孔大，稀，椭圆形；冬芽卵圆形，紫褐色，大小中等，腹离，副芽无；枝条根源体微凸，芽褥状态微凸，叶痕三角形。幼叶花色苷显色弱，顶端叶着生姿态斜上，叶柄着生姿态上举；植株叶片形状全叶，叶面平展，叶长心形，浅绿色，叶尖长尾状，叶缘细锯齿，叶基深心形，平均叶长18.4cm，叶幅15.5cm；叶面光滑，光泽性中等，叶面缩皱程度弱，叶柄细长，平均6.3cm。广东省广州市白云区栽培，桑果始熟期3月上中旬，易受微型虫危害，开花期遇雨水多的年份易感菌核病，耐寒性较弱。

【花果性状】广州市栽培米条总芽数23～33个，平均27.3个；米条坐果芽数17～20个，平均18.0个；坐果率61%～74%，平均66%；米条坐果粒数66～98粒，平均78.2粒；单芽坐果数2～4粒，平均2.9粒。桑果中圆筒形，果形好，平均长径3.8cm，横径1.7cm，单果重5.2g，果柄长度0.9cm。鲜果紫黑色，风味酸甜，平均可溶性固形物5.1%，酸度10.8g/L，pH3.4，糖酸比4.7。

叶片

新梢

枝条

果实

挂果枝条

粤诱87

【资源来源】由广东省农业科学院蚕业与农产品加工研究所从人工多倍体诱导广东桑杂交后代中选择单株定向培育而成，属广东桑种，现保存于广东省蚕桑种质资源库。

【枝叶特征与栽培特性】树形稍开展，枝条细而长，主枝发条数多，侧枝萌发力中等；皮色棕褐，节间直，平均节距6.1cm，八列叶序；皮孔小，密，圆形；冬芽长三角形，棕褐色，大，贴生，副芽数量少；枝条根源体微凸，芽褥平，叶痕三角形。幼叶花色苷显色无，顶端叶着生姿态平伸，叶柄着生姿态上举；植株叶片形状全叶，叶面平展，叶长心形，浅绿色，叶尖短尾状，叶缘细锯齿，叶基深心形，平均叶长20.4cm，叶幅17.9cm；叶面光滑，光泽性强，叶面缩皱程度弱，叶柄粗短，平均3.3cm。广东省广州市白云区栽培，桑果始熟期3月上中旬，易受微型虫危害，开花期遇雨水多的年份易感菌核病，耐寒性较弱。

【花果性状】广州市栽培米条总芽数22 ~ 29个，平均26.2个；米条坐果芽数21 ~ 26个，平均23.3个；坐果率72% ~ 96%，平均89.6%；米条坐果粒数55 ~ 100粒，平均82.2粒；单芽坐果数2 ~ 5粒，平均3.2粒。桑果中圆筒形，果形好，平均长径3.7cm，横径1.3cm，单果重4.6g，果柄长度1.2cm。鲜果紫黑色，酸甜可口，风味好，平均可溶性固形物5.9%，酸度4.7g/L，pH4.2，糖酸比13.5。

粤诱102

【资源来源】 由广东省农业科学院蚕业与农产品加工研究所从人工多倍体诱导广东桑杂交后代中选择单株定向培育而成，属广东桑种，现保存于广东省蚕桑种质资源库。

【枝叶特征与栽培特性】 树形稍开展，枝条粗度中等而直，主枝发条数多，侧枝萌发力强；皮色青褐，节间直，平均节距5.6cm，絮乱叶序；皮孔大，稀，圆形；冬芽长三角形，黄褐色，大，腹离，副芽数量少；枝条根源体微凸，芽褥状态平，叶痕三角形。幼叶花色苷显色弱，顶端叶着生姿态平伸，叶柄着生姿态上举；植株叶片形状全叶，叶面平展，叶心形，深绿色，叶尖长尾状，叶缘细圆齿，叶基浅心形，平均叶长22.1cm，叶幅20.3cm；叶面光滑，光泽性中等，叶面缩皱程度弱，叶柄细长，平均5.5cm。广东省广州市白云区栽培，桑果始熟期3月上中旬，易受微型虫危害，开花期遇雨水多的年份易感菌核病，耐寒性较弱。

【花果性状】 广州市栽培米条总芽数18 ～ 32个，平均24.8个；米条坐果芽数18 ～ 30个，平均23.5个；坐果率81% ～ 100%，平均95%；米条坐果粒数60 ～ 140粒，平均98.7粒；单芽坐果数3 ～ 4粒，平均3.9粒。桑果长圆筒形，果形好，平均长径4.2cm，横径1.6cm，单果重5.5g，果柄长度1.3cm。鲜果紫黑色，酸甜可口，风味好，平均可溶性固形物8.0%，酸度6.3g/L，pH3.7，糖酸比12.8。

叶片

新梢

枝条

果实

挂果枝条

粤诱106

【资源来源】由广东省农业科学院蚕业与农产品加工研究所从人工多倍体诱导广东桑杂交后代中选择单株定向培育而成，属广东桑种，现保存于广东省蚕桑种质资源库。

【枝叶特征与栽培特性】树形稍开展，枝条细而长，主枝发条数多，侧枝萌发力强；皮色黄褐，节间直，平均节距5.1cm，五列叶序；皮孔大，较稀，圆形；冬芽正三角形，紫褐色，小，尖离，副芽数量少；枝条根源体平，芽褥状态平，叶痕三角形。幼叶花色苷显色无，顶端叶着生姿态平伸，叶柄着生姿态上举；植株叶片形状全叶、裂叶混生，叶面平展，全叶心形，浅绿色，叶尖长尾状，叶缘细锯齿，叶基深心形，平均叶长16.9cm，叶幅15.1cm；叶面光滑，光泽性强，叶面缩皱程度弱，叶柄细长，平均4.0cm。广东省广州市白云区栽培，桑果始熟期3月上中旬，易受微型虫危害，开花期遇雨水多的年份易感菌核病，耐寒性较弱。

【花果性状】广州市栽培米条总芽数26～38个，平均29.7个；米条坐果芽数17～24个，平均19.2个；坐果率47%～83%，平均66%；米条坐果粒数66～88粒，平均78.0粒；单芽坐果数2～3粒，平均2.7粒。桑果中圆筒形，果形好，平均长径3.3cm，横径1.2cm，单果重2.9g，果柄长度1.5cm。鲜果紫黑色，酸甜可口，风味好，平均可溶性固形物6.2%，酸度4.4g/L，pH3.9，糖酸比14.2。

叶片

新梢

枝条

果实

挂果枝条

粤诱123

【资源来源】由广东省农业科学院蚕业与农产品加工研究所从人工多倍体诱导广东桑杂交后代中选择单株定向培育而成，属广东桑种，现保存于广东省蚕桑种质资源库。

【枝叶特征与栽培特性】树形稍开展，枝条粗度中等而直，主枝发条数少，侧枝萌发力强；皮色青褐，节间直，平均节距5.4cm，五列叶序；皮孔小，密，圆形；冬芽长三角形，黄褐色，大小中等，贴生，副芽数量少；枝条根源体平，芽褥状态平，叶痕三角形。幼叶花色苷显色无，顶端叶着生姿态平伸，叶柄着生姿态上举；植株叶片形状全叶、裂叶混生，叶面平展，全叶长心形，浅绿色，叶尖长尾状，叶缘细圆齿，叶基浅心形，平均叶长19.4cm，叶幅16.3cm；叶面光滑，光泽性强，叶面缩皱程度弱，叶柄细长，平均5.1cm。广东省广州市白云区栽培，桑果始熟期3月上旬，易受微型虫危害，开花期遇雨水多的年份易感菌核病，耐寒性较弱。

【花果性状】广州市栽培米条总芽数23 ~ 27个，平均25.3个；米条坐果芽数21 ~ 27个，平均24.3个；坐果率84% ~ 100%，平均96%；米条坐果粒数21 ~ 107粒，平均82.7粒；单芽坐果数1 ~ 4粒，平均3.3粒。桑果短圆筒形，果形好，平均长径2.9cm，横径1.5cm，单果重3.4g，果柄长度1.5cm。鲜果紫黑色，酸甜可口，风味好，平均可溶性固形物6.0%，酸度3.5g/L，pH4.1，糖酸比17.4。

叶片

新梢

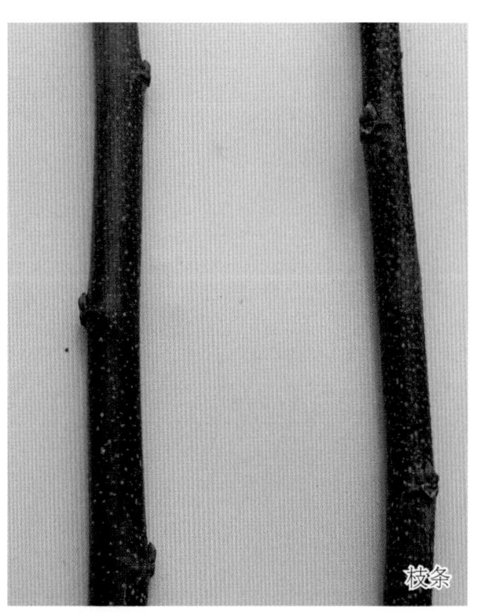
枝条

果实

挂果枝条

粤诱133

【资源来源】由广东省农业科学院蚕业与农产品加工研究所从人工多倍体诱导广东桑杂交后代中选择单株定向培育而成，属广东桑种，现保存于广东省蚕桑种质资源库。

【枝叶特征与栽培特性】树形稍开展，枝条细而长，主枝发条数少，侧枝萌发力弱；皮色黄褐，节间直，平均节距2.4cm，絮乱叶序；皮孔大小中等，较稀，圆形；冬芽卵圆形，黄褐色，大小中等，腹离，副芽数量少；枝条根源体凸，芽褥微凸，叶痕三角形。幼叶花色苷显色弱，顶端叶着生姿态平伸，叶柄着生姿态上举；植株叶片形状全叶，叶面内卷，叶心形，浅绿色，叶尖长尾状，叶缘细锯齿，叶基浅心形，平均叶长11.6cm，叶幅8.0cm；叶面光滑，光泽性强，叶面缩皱程度中等，叶柄细长，平均3.0cm。广东省广州市白云区栽培，桑果始熟期3月上中旬，易受微型虫危害，开花期遇雨水多的年份易感菌核病，耐寒性较弱。

【花果性状】广州市栽培米条总芽数20 ~ 29个，平均24.7个；米条坐果芽数12 ~ 22个，平均18.2个；坐果率60% ~ 100%，平均73.7%；米条坐果粒数45 ~ 97粒，平均67.3粒；单芽坐果数2 ~ 3粒，平均2.7粒。桑果短圆筒形，果形好，平均长径2.4cm，横径1.4cm，单果重2.5g，果柄长度1.1cm。鲜果紫黑色，酸甜可口，风味好，平均可溶性固形物6.6%，酸度4.9g/L，pH3.9，糖酸比13.6。

叶片

新梢

枝条

果实

挂果枝条

粤诱152

【资源来源】 由广东省农业科学院蚕业与农产品加工研究所从人工多倍体诱导广东桑杂交后代中选择单株定向培育而创制，属广东桑种，现保存于广东省蚕桑种质资源库。

【枝叶特征与栽培特性】 树形稍开展，枝条粗而长，主枝发条数少，侧枝萌发力弱；皮色棕褐，节间直，平均节距3.9cm，五列叶序；皮孔大，较稀，圆形；冬芽正三角形，紫褐色，大小中等，斜生，副芽数量少；枝条根源体平，芽褥状态微凸，叶痕圆形。幼叶花色苷显色弱，顶端叶着生姿态平伸，叶柄着生姿态上举；植株叶片形状全叶、裂叶混生，叶面平展，全叶长心形，深绿色，叶尖短尾状，叶缘细圆齿，叶基浅心形，平均叶长23.6cm，叶幅19.3cm；叶面光滑，光泽性弱，叶面缩皱程度中等，叶柄细长，平均7.3cm。广东省广州市白云区栽培，桑果始熟期3月上中旬，易受微型虫危害，开花期遇雨水多的年份易感菌核病，耐寒性较弱。

【花果性状】 广州市栽培米条总芽数20 ~ 34个，平均25.0个；米条坐果芽数11 ~ 23个，平均16.8个；坐果率55% ~ 80%，平均67%；米条坐果粒数23 ~ 89粒，平均48.2粒；单芽坐果数1 ~ 3粒，平均1.8粒。桑果畸形块状，平均长径4.1cm，横径1.5cm，单果重7.2g，果柄长度1.1cm。鲜果紫黑色，酸甜可口，风味好，平均可溶性固形物5.9%，酸度2.7g/L，pH4.4，糖酸比21.9。

叶片

新梢

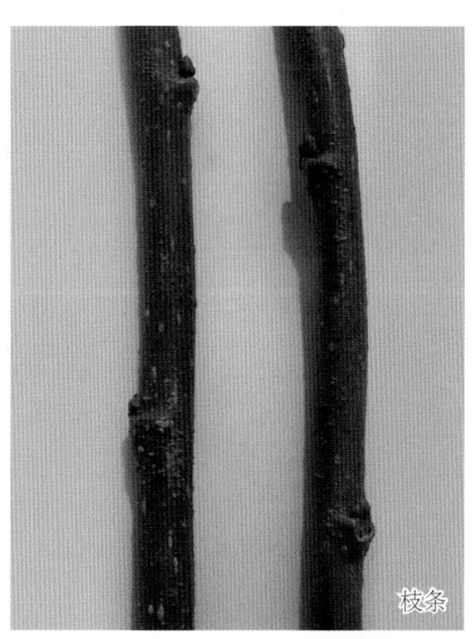

枝条

果实

挂果枝条

粤诱201

【资源来源】由广东省农业科学院蚕业与农产品加工研究所从人工多倍体诱导广东桑杂交后代中选择单株定向培育而成，属广东桑种，现保存于广东省蚕桑种质资源库。

【枝叶特征与栽培特性】树形开展，枝条粗而长，主枝发条数多，侧枝萌发力弱；皮色黄褐，节间直，平均节距5.0cm，五列叶序；皮孔大，稀，圆形、椭圆形。冬芽卵圆形，棕褐色，大小中等，尖离，副芽大且数量较少；枝条根源体平，芽褥状态微凸，叶痕圆形。幼叶花色苷显色弱，顶端叶着生姿态斜上，叶柄着生姿态上举；植株叶片形状全叶，叶面平展，叶心形，深绿色，叶尖短尾状，叶缘细圆齿，叶基浅心形，平均叶长21.3cm，叶幅18.2cm，叶面光滑，光泽性弱，叶面缩皱程度弱，叶柄粗短，平均4.2cm。广东省广州市白云区栽培，桑果始熟期3月上中旬，易受微型虫危害，开花期遇雨水多的年份易感菌核病，耐寒性较弱。

【花果性状】广州市栽培米条总芽数28～30个，平均29个；米条坐果芽数18～30个，平均25个；坐果率82%～100%，平均86.3%；米条坐果粒数90～164粒，平均115粒；单芽坐果数3～6粒，平均4.0粒。桑果长圆筒形，果形好，平均长径4.2cm，横径1.5cm，单果重6.0g，果柄长度0.9cm。鲜果紫黑色，酸甜可口，风味好，平均可溶性固形物8.2%，酸度3.5g/L，pH4.2，糖酸比23.4。

叶片

新梢

枝条

果实

挂果枝条

粤诱221

【资源来源】由广东省农业科学院蚕业与农产品加工研究所从人工多倍体诱导广东桑杂交后代中选择单株定向培育而成，属广东桑种，现保存于广东省蚕桑种质资源库。

【枝叶特征与栽培特性】树形稍开展，枝条粗度中等而直，主枝发条数少，侧枝萌发力弱；皮色黄褐，节间直，平均节距4.7cm，五列叶序；皮孔大，稀，圆形；冬芽长三角形，紫褐色，大，斜生，副芽无；枝条根源体微凸，芽褥状态平，叶痕圆形。幼叶花色苷显色中等，顶端叶着生姿态斜上，叶柄着生姿态上举；植株叶片形状全叶、裂叶混生，叶面平展，全叶心形，中绿色，叶尖长尾状，叶缘细圆齿，叶基浅心形，平均叶长19.0cm，叶幅17.8cm；叶面光滑，光泽性中等，叶面缩皱程度弱，叶柄细长，平均5.1cm。广东省广州市白云区栽培，桑果始熟期3月中旬，易受微型虫危害，开花期遇雨水多的年份易感菌核病，耐寒性较弱。

【花果性状】广州市栽培米条总芽数25 ~ 32个，平均27.3个；米条坐果芽数21 ~ 26个，平均23.3个；坐果率72% ~ 96%，平均86%；米条坐果粒数72 ~ 125粒，平均90.7粒；单芽坐果数2 ~ 4粒，平均3.3粒。桑果长圆筒形，果形好，平均长径4.2cm，横径1.6cm，单果重4.4g，果柄长度1.3cm。鲜果紫红色，酸甜可口，风味好，平均可溶性固形物3.8%，酸度3.7g/L，pH4.1，糖酸比10.2。

叶片

新梢

枝条

果实

挂果枝条

粤诱231

【资源来源】 由广东省农业科学院蚕业与农产品加工研究所从人工多倍体诱导广东桑杂交后代中选择单株定向培育而成，属广东桑种，现保存于广东省蚕桑种质资源库。

【枝叶特征与栽培特性】 树形稍开展，枝条粗度中等而直，主枝发条数多，侧枝萌发力强；皮色青褐，节间直，平均节距4.8cm，八列叶序；皮孔大，较稀，圆形；冬芽长三角形，紫褐色，小，尖离，副芽无；枝条根源体平，芽褥状态平，叶痕三角形。幼叶花色苷显色弱，顶端叶着生姿态平伸，叶柄着生姿态上举；植株叶片形状全叶、裂叶混生，叶面平展，全叶心形，浅绿色，叶尖长尾状，叶缘细锯齿，叶基浅心形，平均叶长18.4cm，叶幅16.8cm；叶面光滑，光泽性中等，叶面缩皱程度中，叶柄粗短，平均4.6cm。广东省广州市白云区栽培，桑果始熟期3月上中旬，易受微型虫危害，开花期遇雨水多的年份易感菌核病，耐寒性较弱。

【花果性状】 广州市栽培米条总芽数26 ~ 35个，平均28.5个；米条坐果芽数20 ~ 32个，平均24.7个；坐果率74% ~ 93%，平均86%；米条坐果粒数72 ~ 121粒，平均92.0粒；单芽坐果数3 ~ 4粒，平均3.2粒。桑果短圆筒形，果形好，平均长径3.0cm，横径1.2cm，单果重2.6g，果柄长度1.4cm。鲜果紫黑色，酸甜可口，风味好，平均可溶性固形物2.6%，酸度2.0g/L，pH4.0，糖酸比12.7。

叶片

新梢

枝条

果实

挂果枝条

粤诱302

【资源来源】由广东省农业科学院蚕业与农产品加工研究所从人工多倍体诱导广东桑杂交后代中选择单株定向培育而成，属广东桑种，现保存于广东省蚕桑种质资源库。

【枝叶特征与栽培特性】树形稍开展，枝条细而长，主枝发条数多，侧枝萌发力弱；皮色棕褐，节间直，平均节距4.2cm，八列叶序；皮孔小，较密，圆形。冬芽长三角形，棕褐色，大小中等，尖离，副芽小且数量较少；枝条根源体平，芽褥状态微凸，叶痕半圆形。幼叶花色苷显色中等，顶端叶着生姿态斜上，叶柄着生姿态上举；植株叶片形状全叶，叶面平展，叶心脏形，深绿色，叶尖短尾状，叶缘粗圆齿，叶基深心形，平均叶长18.0cm，叶幅15.6cm，叶面光滑，光泽性较强，叶面缩皱程度弱，叶柄细长。广东省广州市白云区栽培，桑果始熟期3月上中旬，易受微型虫危害，开花期遇雨水多的年份易感菌核病，耐寒性较弱。

【花果性状】广州市栽培米条总芽数27～36个，平均30个；米条坐果芽数26～34个，平均30个；坐果率88%～96%，平均93.3%；米条坐果粒数167～300粒，平均239粒；单芽坐果数6～9粒，平均7.5粒。桑果短圆筒形，果形好，平均长径3.4cm，横径1.4cm，单果重3.9g，果柄长度1.0cm。鲜果紫黑色，酸甜可口，风味好，平均可溶性固形物6.5%，酸度5.5g/L，pH3.7，糖酸比11.8。

叶片

新梢

枝条

果实

挂果枝条

粤诱303

【资源来源】由广东省农业科学院蚕业与农产品加工研究所从人工多倍体诱导广东桑杂交后代中选择单株定向培育而成，属广东桑种，现保存于广东省蚕桑种质资源库。

【枝叶特征与栽培特性】树形稍开展，枝条粗度中等而直，主枝发条数少，侧枝萌发力弱；皮色赤褐，节间直，平均节距4.1cm，八列叶序；皮孔大小中等，较稀，圆形；冬芽长三角形，棕褐色，大小中等，尖离，副芽数量较少；枝条根源体平，芽褥状态平，叶痕圆形。幼叶花色苷显色弱，顶端叶着生姿态斜上，叶柄着生姿态上举；植株叶片形状全叶，叶面平展，叶心形，浅绿色，叶尖长尾状，叶缘细圆齿，叶基深心形，平均叶长20.2cm，叶幅18.1cm；叶面光滑，光泽性中等，叶面缩皱程度弱，叶柄细长，平均6.5cm。广东省广州市白云区栽培，桑果始熟期3月上中旬，易受微型虫危害，开花期遇雨水多的年份易感菌核病，耐寒性较弱。

【花果性状】广州市栽培米条总芽数27～34个，平均30.7个；米条坐果芽数26～34个，平均29.8个；坐果率94%～100%，平均97%；米条坐果粒数189～214，平均199.7粒；单芽坐果数6～7粒，平均6.5粒。桑果中圆筒形，果形好，平均长径3.8cm，横径1.6cm，单果重5.0g，果柄长度1.0cm。鲜果紫黑色，酸甜可口，风味好，平均可溶性固形物7.6%，酸度4.5g/L，pH4.0，糖酸比17.0。

叶片

新梢

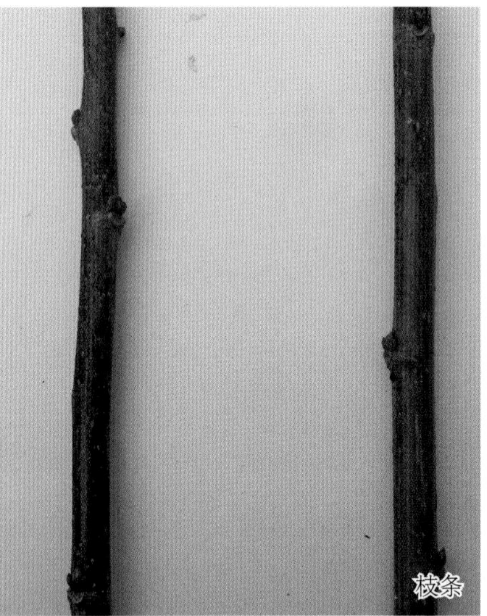
枝条

果实

挂果枝条

粤诱983

【资源来源】由广东省农业科学院蚕业与农产品加工研究所从人工多倍体诱导广东桑杂交后代中选择单株定向培育而成，属广东桑种，现保存于广东省蚕桑种质资源库。

【枝叶特征与栽培特性】树形稍开展，枝条细而长，主枝发条数多，侧枝萌发力强；皮色青褐，节间直，平均节距4.9cm，絮乱叶序；皮孔大小中等，较密，圆形；冬芽长三角形，黄褐色，大小中等，腹离，副芽数量少；枝条根源体平，芽褥状态平，叶痕三角形。幼叶花色苷显色无，顶端叶着生姿态斜上，叶柄着生姿态上举；植株叶片形状全叶、裂叶混生，叶面平展，全叶心形，浅绿色，叶尖短尾状，叶缘细圆齿，叶基浅心形，平均叶长19.5cm，叶幅19.0cm；叶面光滑，光泽性中等，叶面缩皱程度弱，叶柄细长，平均4.5cm。广东省广州市白云区栽培，桑果始熟期3月上旬，易受微型虫危害，开花期遇雨水多的年份易感菌核病，耐寒性较弱。

【花果性状】广州市栽培米条总芽数23 ~ 29个，平均25.7个；米条坐果芽数16 ~ 23个，平均18.7个；坐果率59% ~ 88%，平均73%；米条坐果粒数46 ~ 92粒，平均65.7粒；单芽坐果数2 ~ 3粒，平均2.6粒。桑果短圆筒形，果形好，平均长径3.0cm，横径1.8cm，单果重3.8g，果柄长度1.1cm。鲜果紫黑色，酸甜可口，风味好，平均可溶性固形物6.8%，酸度3.8g/L，pH4.0，糖酸比17.7。

叶片

新梢

枝条

果实

挂果枝条

粤诱984

【资源来源】由广东省农业科学院蚕业与农产品加工研究所从人工多倍体诱导广东桑杂交后代中选择单株定向培育而成，属广东桑种，现保存于广东省蚕桑种质资源库。

【枝叶特征与栽培特性】树形稍开展，枝条粗度中等而直，主枝发条数少，侧枝萌发力弱；皮色紫褐，节间直，平均节距4.0cm，五列叶序；皮孔大，稀，圆形；冬芽长三角形，紫褐色，大小中等，贴生，副芽数量较少；枝条根源体平，芽褥状态平，叶痕圆形。幼叶花色苷显色无，顶端叶着生姿态平伸，叶柄着生姿态上举；植株叶片形状全叶，叶面平展，叶心形，中绿色，叶尖短尾状，叶缘细圆齿，叶基浅心形，平均叶长22.7cm，叶幅19.8cm；叶面光滑，光泽性中等，叶面缩皱程度弱，叶柄细长，平均5.0cm。广东省广州市白云区栽培，桑果始熟期3月上中旬，易受微型虫危害，开花期遇雨水多的年份易感菌核病，耐寒性较弱。

【花果性状】广州市栽培米条总芽数24 ~ 37个，平均31.3个；米条坐果芽数24 ~ 37个，平均30.3个；坐果率89% ~ 100%，平均97%；米条坐果粒数145 ~ 182粒，平均166.0粒；单芽坐果数4 ~ 6粒，平均5.4粒。桑果中圆筒形，果形好，平均长径3.5cm，横径1.2cm，单果重3.5g，果柄长度1.3cm。鲜果紫黑色，酸甜可口，风味好，平均可溶性固形物7.6%，酸度4.7g/L，pH3.6，糖酸比16.0。

叶片　新梢　枝条
果实　挂果枝条

粤诱988

【资源来源】 由广东省农业科学院蚕业与农产品加工研究所从人工多倍体诱导广东桑杂交后代中选择单株定向培育而成，属广东桑种，现保存于广东省蚕桑种质资源库。

【枝叶特征与栽培特性】 树形稍开展，枝条粗而长，主枝发条数少，侧枝萌发力弱；皮色赤褐，节间直，平均节距4.5cm，八列叶序；皮孔大，稀，圆形；冬芽长三角形，赤褐色，大小中等，贴生，副芽数量较少；枝条根源体平，芽褥平，叶痕圆形。幼叶花色苷显色无，顶端叶着生姿态平伸，叶柄着生姿态上举；植株叶片形状全叶，叶面平展，叶心形，中绿色，叶尖长尾状，叶缘细圆齿，叶基深心形，平均叶长21.9cm，叶幅18.6cm；叶面光滑，光泽性中等，叶面缩皱程度弱，叶柄细长，平均5.0cm。广东省广州市白云区栽培，桑果始熟期3月上中旬，易受微型虫危害，开花期遇雨水多的年份易感菌核病，耐寒性较弱。

【花果性状】 广州市栽培米条总芽数25～34个，平均30.8个；米条坐果芽数25～33个，平均29.5个；坐果率85%～100%，平均96.0%；米条坐果粒数95～161粒，平均115.7粒；单芽坐果数3～5粒，平均3.8粒。桑果短圆筒形，果形好，平均长径3.1cm，横径1.2cm，单果重3.2g，果柄长度1.3cm。鲜果紫黑色，酸甜可口，风味好，平均可溶性固形物7.7%，酸度7.9g/L，pH3.4，糖酸比9.7。

叶片

新梢

枝条

果实

挂果枝条

粤诱989

【资源来源】由广东省农业科学院蚕业与农产品加工研究所从人工多倍体诱导广东桑杂交后代中选择单株定向培育而成，属广东桑种，现保存于广东省蚕桑种质资源库。

【枝叶特征与栽培特性】树形稍开展，枝条粗度中等而直，主枝发条数多，侧枝萌发力弱；皮色赤褐，节间直，平均节距5.3cm，八列叶序；皮孔大小中等，稀，圆形；冬芽正三角形，紫褐色，小，腹离，副芽数量少；枝条根源体平，芽褥状态微凸，叶痕半圆形。幼叶花色苷显色强，顶端叶着生姿态平伸，叶柄着生姿态上举；植株叶片形状全叶、裂叶混生，叶面平展，全叶心形，浅绿色，叶尖长尾状，叶缘细锯齿，叶基浅心形，平均叶长18.8cm，叶幅16.3cm；叶面光滑，光泽性中等，叶面缩皱程度弱，叶柄细长，平均4.6cm。广东省广州市白云区栽培，桑果始熟期3月上中旬，易受微型虫危害，开花期遇雨水多的年份易感菌核病，耐寒性较弱。

【花果性状】广州市栽培米条总芽数25 ~ 33个，平均29.2个；米条坐果芽数16 ~ 29个，平均24.7个；坐果率52% ~ 97%，平均85%；米条坐果粒数79 ~ 116粒，平均96.3粒；单芽坐果数3 ~ 4粒，平均3.3粒。桑果短圆筒形，果形好，平均长径2.8cm，横径1.2cm，单果重2.9g，果柄长度1.0cm。鲜果紫黑色，酸甜可口，风味好，平均可溶性固形物7.0%，酸度2.7g/L，pH4.3，糖酸比26.0。

叶片

新梢

枝条

果实

挂果枝条

三、航天诱变创制资源

宇果06-1

【资源来源】由广东省农业科学院蚕业与农产品加工研究所将广东桑杂交种子经航天诱变后选择单株定向培育而成，属广东桑种，现保存于广东省蚕桑种质资源库。

【枝叶特征与栽培特性】树形稍开展，枝条粗而长，主枝发条数多，侧枝萌发力弱；皮色灰褐，节间直，平均节距4.6cm，五列叶序，皮孔大小中等，较密，圆形。冬芽长三角形，紫褐色，较大，斜生，副芽数量较少；枝条根源体平，芽褥状态平，叶痕半圆形。幼叶花色苷显色弱，顶端叶着生姿态斜上，叶柄着生姿态上举；植株叶片形状全叶，叶心形，深绿色，叶尖短尾状，叶缘粗圆齿，叶基浅心形，平均叶长17.3cm，叶幅13.6cm，叶面光滑，光泽性较强，叶面缩皱程度弱，叶柄粗短，平均4.2cm。广东省广州市白云区栽培，桑果始熟期3月上中旬，易受微型虫危害，开花期遇雨水多的年份易感菌核病，耐寒性较弱。

【花果性状】广州市栽培米条总芽数22～29个，平均27个；米条坐果芽数18～26个，平均22个；坐果率80%～88%，平均86.1%；米条坐果粒数85～143粒，平均102粒；单芽坐果数3～6粒，平均4.2粒。桑果长圆筒形，果形好，平均长径4.3cm，横径1.5cm，单果重4.6g，果柄长度0.9cm。鲜果紫黑色，酸甜可口，风味好，平均可溶性固形物9.2%，酸度5.2g/L，pH3.86，糖酸比17.7。

叶片

新梢

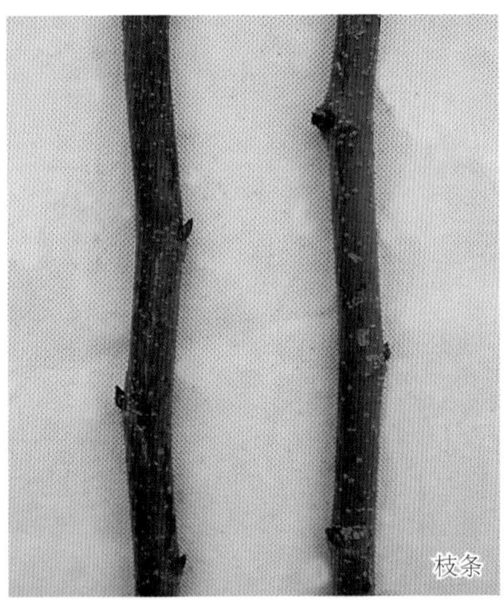
枝条

果实

挂果枝条

宇果06−2

【资源来源】由广东省农业科学院蚕业与农产品加工研究所将广东桑杂交种子经航天诱变后选择单株定向培育而成，属广东桑种，现保存于广东省蚕桑种质资源库。

【枝叶特征与栽培特性】树形稍开展，枝条细而长，主枝发条数多，侧枝萌发力弱；皮色灰褐，节间直，平均节距4.9cm，紊乱叶序；皮孔小，稀，圆形；冬芽长三角形，赤褐色，大，腹离，副芽数量较少；枝条根源体微凸，芽褥状态微凸，叶痕扁圆形。幼叶花色苷显色弱，顶端叶着生姿态平伸，叶柄着生姿态上举；植株叶片形状全叶，叶面平展，叶长心形，深绿色，叶尖长尾状，叶缘细锯齿，叶基深心形，平均叶长21.4cm，叶幅17.2cm；叶面较粗糙，光泽性强，叶面缩皱程度弱，叶柄细长，平均4.5cm。广东省广州市白云区栽培，桑果始熟期3月中旬，易受微型虫危害，开花期遇雨水多的年份易感菌核病，耐寒性较弱。

【花果性状】广州市栽培米条总芽数22 ～ 27个，平均25.0个；米条坐果芽数18 ～ 27个，平均24.0个；坐果率82% ～ 100%，平均96%；米条坐果粒数129 ～ 183粒，平均141.3粒；单芽坐果数5 ～ 7粒，平均5.6粒。桑果长圆筒形，果形好，平均长径4.2cm，横径1.4cm，单果重5.8g，果柄长度1.2cm。鲜果紫黑色，酸甜可口，风味好，平均可溶性固形物8.9%，酸度7.0g/L，pH3.7，糖酸比12.6。

叶片　新梢　枝条　果实　挂果枝条

宇果06-4

【资源来源】由广东省农业科学院蚕业与农产品加工研究所将广东桑杂交种子经航天诱变后选择单株定向培育而成，属广东桑种，现保存于广东省蚕桑种质资源库。

【枝叶特征与栽培特性】树形稍开展，枝条细而长，主枝发条数多，侧枝萌发力弱；皮色灰褐，节间直，平均节距5.8cm，五列叶序；皮孔大小中等，较稀，圆形；冬芽长三角形，赤褐色，大，腹离，副芽数量较少；枝条根源体平，芽褥状态微凸，叶痕三角形。幼叶花色苷显色无，顶端叶着生姿态斜上，叶柄着生姿态上举；植株叶片形状全叶，叶面内卷，叶长心形，中绿色，叶尖长尾状，叶缘细锯齿，叶基浅心形，平均叶长22.4cm，叶幅17.6cm；叶面较粗糙，光泽性中等，叶面缩皱程度弱，叶柄细长，平均4.0cm。广东省广州市白云区栽培，桑果始熟期3月中旬，易受微型虫危害，开花期遇雨水多的年份易感菌核病，耐寒性较弱。

【花果性状】广州市栽培米条总芽数20 ~ 23个，平均21.7个；米条坐果芽数20 ~ 23个，平均21.7个；平均坐果率100%；米条坐果粒数120 ~ 134粒，平均124.7粒；单芽坐果数5 ~ 6粒，平均5.8粒。桑果长圆筒形，果形好，平均长径5.4cm，横径1.6cm，单果重7.3g，果柄长度1.4cm。鲜果紫黑色，酸甜可口，风味好，平均可溶性固形物7.8%，酸度3.6g/L，pH4.6，糖酸比21.8。

叶片

新梢

枝条

果实

挂果枝条

宇果06–5

【资源来源】由广东省农业科学院蚕业与农产品加工研究所将广东桑杂交种子经航天诱变后选择单株定向培育而成，属广东桑种，现保存于广东省蚕桑种质资源库。

【枝叶特征与栽培特性】树形稍开展，枝条细而长，主枝发条数少，侧枝萌发力弱；皮色灰褐，节间直，平均节距5.0cm，五列叶序；皮孔小，较稀，圆形；冬芽长三角形，棕褐色，大，贴生，副芽无；枝条根源体平，芽褥状态平，叶痕三角形。幼叶花色苷显色弱，顶端叶着生姿态平伸，叶柄着生姿态上举；植株叶片形状全叶，叶面内卷，叶长心形，中绿色，叶尖长尾状，叶缘细圆齿，叶基深心形，平均叶长24.1cm，叶幅18.7cm；叶面较粗糙，光泽性强，叶面缩皱程度弱，叶柄细长，平均6.0cm。广东省广州市白云区栽培，桑果始熟期3月上中旬，易受微型虫危害，开花期遇雨水多的年份易感菌核病，耐寒性较弱。

【花果性状】广州市栽培米条总芽数22～28个，平均25.3个；米条坐果芽数22～27个，平均24.7个；坐果率93%～100%，平均98%；米条坐果粒数77～101粒，平均86.7粒；单芽坐果数3～4粒，平均3.4粒。桑果长圆筒形，果形好，平均长径4.2cm，横径1.5cm，单果重4.0g，果柄长度0.9cm。鲜果紫黑色，风味酸甜，平均可溶性固形物7.8%，酸度10.2g/L，pH3.6，糖酸比7.6。

叶片

新梢

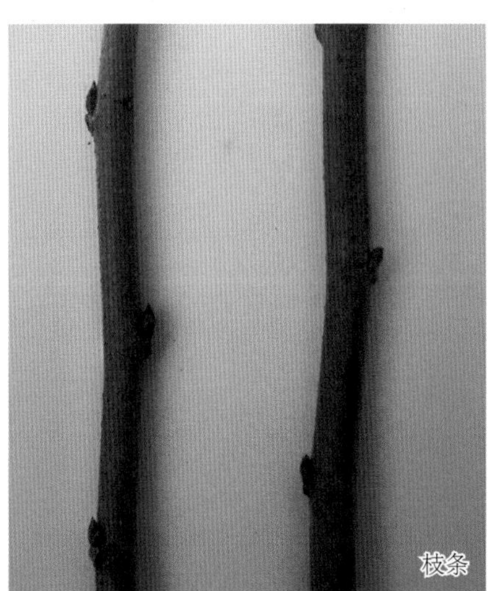
枝条

果实

挂果枝条

宇果06–6

【资源来源】由广东省农业科学院蚕业与农产品加工研究所将广东桑杂交种子经航天诱变后选择单株定向培育而成，属广东桑种，现保存于广东省蚕桑种质资源库。

【枝叶特征与栽培特性】树形稍开展，枝条细而长，主枝发条数少，侧枝萌发力弱；皮色灰褐，节间直，平均节距4.8cm，五列叶序；皮孔小，较稀，圆形；冬芽长三角形，赤褐色，大，腹离，副芽数量较少；枝条根源体平，芽褥状态微凸，叶痕三角形。幼叶花色苷显色无，顶端叶着生姿态斜上，叶柄着生姿态上举；植株叶片形状全叶，叶面平展，叶长心形，深绿色，叶尖长尾状，叶缘粗圆齿，叶基深心形，平均叶长27.0cm，叶幅20.8cm；叶面粗糙，光泽性强，叶面缩皱程度弱，叶柄细长，平均4.0cm。广东省广州市白云区栽培，桑果始熟期3月中旬，易受微型虫危害，开花期遇雨水多的年份易感菌核病，耐寒性较弱。

【花果性状】广州市栽培米条总芽数24 ~ 26个，平均24.5个；米条坐果芽数22 ~ 26个，平均24.0个；坐果率88% ~ 100%，平均98%；米条坐果粒数152 ~ 186粒，平均168.5粒；单芽坐果数6 ~ 8粒，平均6.9粒。桑果中圆筒形，果形好，平均长径3.9cm，横径1.5cm，单果重6.1g，果柄长度0.9cm。鲜果紫黑色，酸甜可口，风味好，平均可溶性固形物9.2%，酸度1.9g/L，pH4.7，糖酸比47.9。

叶片

新梢

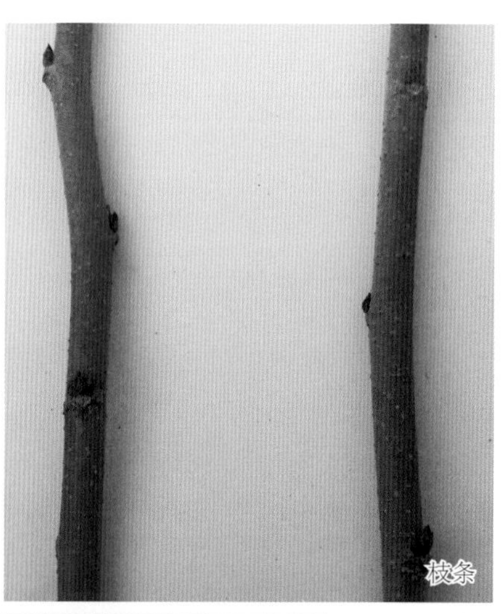
枝条

果实

挂果枝条

宇果06-7

【资源来源】 由广东省农业科学院蚕业与农产品加工研究所将广东桑杂交种子经航天诱变后选择单株定向培育而成，属广东桑种，现保存于广东省蚕桑种质资源库。

【枝叶特征与栽培特性】 树形稍开展，枝条细而长，主枝发条数多，侧枝萌发力弱；皮色棕褐，节间直，平均节距5.1cm，八列叶序；皮孔小，较密，圆形；冬芽长三角形，赤褐色，大小中等，腹离，副芽数量少；枝条根源体平，芽褥状态微凸，叶痕半圆形。幼叶花色苷显色弱，顶端叶着生姿态斜上，叶柄着生姿态上举；植株叶片形状全叶，叶面平展，叶长心形，深绿色，叶尖长尾状，叶缘细圆齿，叶基浅心形，平均叶长26.7cm，叶幅18.4cm；叶面较粗糙，光泽性中等，叶面缩皱程度弱，叶柄细长，平均4.9cm。广东省广州市白云区栽培，桑果始熟期3月中旬，易受微型虫危害，开花期遇雨水多的年份易感菌核病，耐寒性较弱。

【花果性状】 广州市栽培米条总芽数22 ~ 28个，平均23.7个；米条坐果芽数22 ~ 25个，平均22.8个；坐果率89% ~ 100%，平均97%；米条坐果粒数83 ~ 198粒，平均113.5粒；单芽坐果数4 ~ 7粒，平均4.7粒。桑果中圆筒形，果形好，平均长径3.6cm，横径1.5cm，单果重4.3g，果柄长度1.0cm。鲜果紫黑色，酸甜可口，风味好，平均可溶性固形物8.4%，酸度5.8g/L，pH4.2，糖酸比14.6。

叶片

新梢

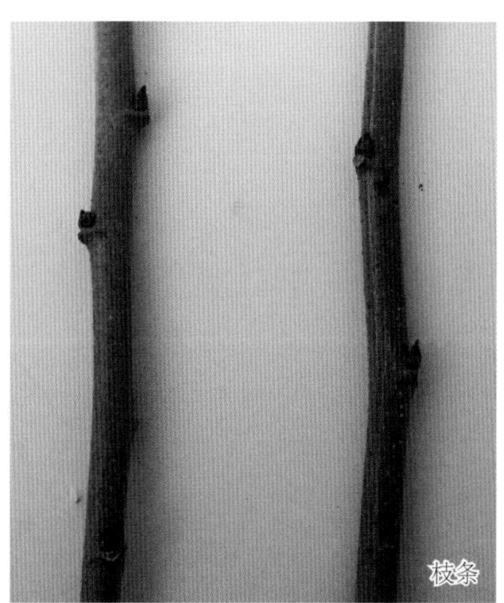
枝条

果实

挂果枝条

宇果06-9

【资源来源】由广东省农业科学院蚕业与农产品加工研究所将广东桑杂交种子经航天诱变后选择单株定向培育而成，属广东桑种，现保存于广东省蚕桑种质资源库。

【枝叶特征与栽培特性】树形稍开展，枝条细而长，主枝发条数多，侧枝萌发力弱；皮色青褐，节间直，平均节距4.6cm，五列叶序；皮孔小，稀，圆形；冬芽长三角形，赤褐色，小，腹离，副芽数量较少；枝条根源体平，芽褥状态微凸，叶痕三角形。幼叶花色苷显色无，顶端叶着生姿态斜上，叶柄着生姿态上举；植株叶片形状全叶，叶面内卷，叶长心形，深绿色，叶尖短尾状，叶缘细圆齿，叶基深心形，平均叶长19.7cm，叶幅16.6cm；叶面较粗糙，光泽性中等，叶面缩皱程度中弱，叶柄细长，平均4.6cm。广东省广州市白云区栽培，桑果始熟期3月上中旬，易受微型虫危害，开花期遇雨水多的年份易感菌核病，耐寒性较弱。

【花果性状】广州市栽培米条总芽数23 ~ 25个，平均24.0个；米条坐果芽数23 ~ 25个，平均24.0个；平均坐果率100%；米条坐果粒数138 ~ 155粒，平均143.0粒；单芽坐果数5 ~ 6粒，平均6.0粒。桑果长圆筒形，果形好，平均长径4.8cm，横径1.6cm，单果重8.4g，果柄长度1.8cm。鲜果紫黑色，酸甜可口，风味好，平均可溶性固形物6.5%，酸度5.0g/L，pH4.2，糖酸比13.0。

叶片

新梢

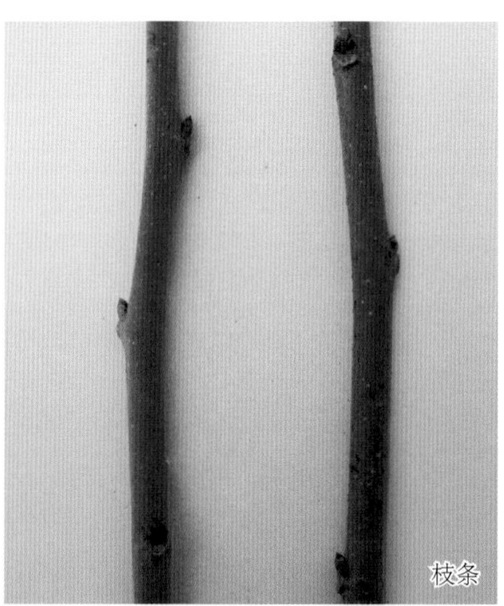
枝条

果实

挂果枝条

宇果06—12

【资源来源】由广东省农业科学院蚕业与农产品加工研究所将广东桑杂交种子经航天诱变后选择单株定向培育而成，属广东桑种，现保存于广东省蚕桑种质资源库。

【枝叶特征与栽培特性】树形稍开展，枝条细而长，主枝发条数少，侧枝萌发力弱；皮色青褐，节间直，平均节距5.1cm，絮乱叶序；皮孔小，较稀，圆形；冬芽长三角形，赤褐色，大，腹离，副芽数量较少；枝条根源体平，芽褥状态微凸，叶痕半圆形。幼叶花色苷显色无，顶端叶着生姿态平伸，叶柄着生姿态上举；植株叶片形状全叶，叶面平展，叶长心形，深绿色，叶尖长尾状，叶缘粗圆齿，叶基浅心形，平均叶长24.0cm，叶幅20.5cm；叶面粗糙，光泽性强，叶面缩皱程度弱，叶柄细长，平均4.3cm。广东省广州市白云区栽培，桑果始熟期3月上中旬，易受微型虫危害，开花期遇雨水多的年份易感菌核病，耐寒性较弱。

【花果性状】广州市栽培米条总芽数24 ~ 28个，平均25.8个；米条坐果芽数11 ~ 21个，平均15.0个；坐果率41% ~ 81%，平均58%；米条坐果粒数27 ~ 47粒，平均35.2粒；单芽坐果数1 ~ 2粒，平均1.4粒。桑果长圆筒形，果形好，平均长径5.4cm，横径1.5cm，单果重7.8g，果柄长度1.8cm。鲜果紫黑色，酸甜可口，风味好，平均可溶性固形物8.9%，酸度3.2g/L，pH4.6，糖酸比27.8。

叶片 新梢 枝条 果实 挂果枝条

宇果06-14

【资源来源】由广东省农业科学院蚕业与农产品加工研究所将广东桑杂交种子经航天诱变后选择单株定向培育而成，属广东桑种，现保存于广东省蚕桑种质资源库。

【枝叶特征与栽培特性】树形稍开展，枝条细而长，主枝发条数少，侧枝萌发力弱；皮色青褐，节间直，平均节距5.4cm，五列叶序；皮孔大小中等，稀，圆形；冬芽长三角形，紫褐色，大，腹离，副芽数量较少；枝条根源体平，芽褥状态微凸，叶痕三角形。幼叶花色苷显色无，顶端叶着生姿态平伸，叶柄着生姿态上举；植株叶片形状全叶，叶面平展，叶长心形，深绿色，叶尖长尾状，叶缘粗圆齿，叶基深心形，平均叶长25.3cm，叶幅19.8cm；叶面较粗糙，光泽性强，叶面缩皱程度弱，叶柄细长，平均4.9cm。广东省广州市白云区栽培，桑果始熟期3月中旬，易受微型虫危害，开花期遇雨水多的年份易感菌核病，耐寒性较弱。

【花果性状】广州市栽培米条总芽数22 ~ 27个，平均24.5个；米条坐果芽数18 ~ 26个，平均23.0个；坐果率72% ~ 100%，平均94 %；米条坐果粒数47 ~ 97粒，平均71.0粒；单芽坐果数2 ~ 4粒，平均3.0粒。桑果长圆筒形，果形好，平均长径4.8cm，横径1.8cm，单果重10.3g，果柄长度1.3cm。鲜果紫黑色，酸甜可口，风味好，平均可溶性固形物6.9%，酸度5.1g/L，pH4.1，糖酸比13.5。

叶片

新梢

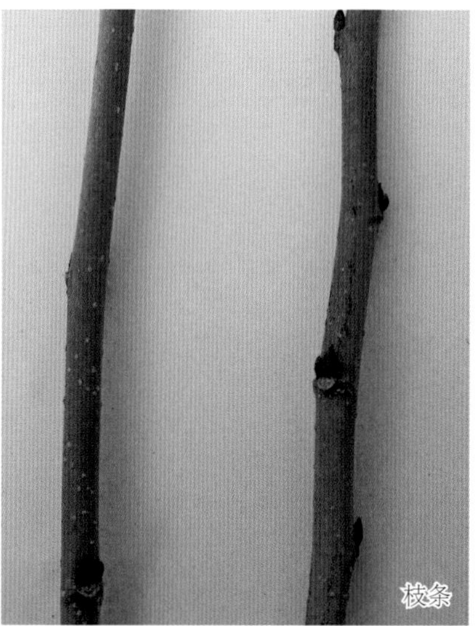
枝条

果实

挂果枝条

宇果06-15

【资源来源】由广东省农业科学院蚕业与农产品加工研究所将广东桑杂交种子经航天诱变后选择单株定向培育而成，属广东桑种，现保存于广东省蚕桑种质资源库。

【枝叶特征与栽培特性】树形稍开展，枝条细而直，主枝发条数少，侧枝萌发力弱；皮色灰褐，节间直，平均节距6.3cm，八列叶序；皮孔大小中等，较稀，圆形；冬芽正三角形，赤褐色，大，腹离，副芽数量少；枝条根源体平，芽褥状态平，叶痕三角形。幼叶花色苷显色无，顶端叶着生姿态平伸，叶柄着生姿态上举；植株叶片形状全叶，叶面平展，叶长心形，深绿色，叶尖长尾状，叶缘粗锯齿，叶基深心形，平均叶长26.4cm，叶幅20.1cm；叶面较粗糙，光泽性强，叶面缩皱程度弱，叶柄细长，平均4.7cm。广东省广州市白云区栽培，桑果始熟期3月中旬，易受微型虫危害，开花期遇雨水多的年份易感菌核病，耐寒性较弱。

【花果性状】广州市栽培米条总芽数平均21.0个；米条坐果芽数20～21个，平均20.7个；坐果率95%～100%，平均98%；米条坐果粒数69～85粒，平均77.2粒；单芽坐果数3～4粒，平均3.7粒。桑果长圆筒形，平均长径5.0cm，横径1.8cm，单果重9.2g，果柄长度1.9cm。鲜果紫黑色，风味酸甜，平均可溶性固形物8.0%，酸度11.5g/L，pH4.5，糖酸比6.9。

叶片

新梢

枝条

果实

挂果枝条

宇诱03–42

【资源来源】由广东省农业科学院蚕业与农产品加工研究所将广东桑杂交种子经航天诱变后选择单株定向培育而成，属广东桑种，现保存于广东省蚕桑种质资源库。

【枝叶特征与栽培特性】树形稍开展，枝条粗度中等而长，主枝发条数少，侧枝萌发力中等；皮色棕褐，节间直，平均节距5.4cm，五列叶序；皮孔大小中等，较稀，椭圆形；冬芽卵圆形，紫褐色，小，尖离，副芽数量较多；枝条根源体微凸，芽褥状态凸，叶痕三角形。幼叶花色苷显色中等，顶端叶着生姿态平伸，叶柄着生姿态上举；植株叶片形状全叶，叶面平展，叶长心形，深绿色，叶尖长尾状，叶缘粗圆齿，叶基深心形，平均叶长20.5cm，叶幅17.0cm；叶面光滑，光泽性强，叶面缩皱程度中弱，叶柄细长，平均5.4cm。广东省广州市白云区栽培，桑果始熟期3月上中旬，易受微型虫危害，开花期遇雨水多的年份易感菌核病，耐寒性较弱。

【花果性状】广州市栽培米条总芽数16 ~ 29个，平均23.2个；米条坐果芽数11 ~ 24个，平均18.3个；坐果率55% ~ 96%，平均79%；米条坐果粒数20 ~ 44粒，平均28.8粒；单芽坐果数1 ~ 2粒，平均1.3粒。桑果短圆筒形，果形好，平均长径2.4cm，横径1.2cm，单果重2.1g，果柄长度1.5cm。鲜果紫黑色，酸甜可口，风味好，平均可溶性固形物13.4%，酸度8.1g/L，pH3.8，糖酸比16.6。

叶片　新梢　枝条　果实　挂果枝条

宇诱03—83

【资源来源】由广东省农业科学院蚕业与农产品加工研究所将广东桑杂交种子经航天诱变后选择单株定向培育而成，属广东桑种，现保存于广东省蚕桑种质资源库。

【枝叶特征与栽培特性】树形稍开展，枝条细而长，主枝发条数少，侧枝萌发力弱；皮色棕褐，节间曲，平均节距5.1cm，五列叶序；皮孔小，较稀，椭圆形；冬芽长三角形，赤褐色，大小中等，腹离，副芽数量较少；枝条根源体微凸，芽褥状态微凸，叶痕三角形。幼叶花色苷显色弱，顶端叶着生姿态斜上，叶柄着生姿态上举；植株叶片形状全叶，叶面平展，叶心形，深绿色，叶尖长尾状，叶缘细圆齿，叶基浅心形，平均叶长20.1cm，叶幅13.7cm；叶面光滑，光泽性中等，叶面缩皱程度中弱，叶柄细长，平均3.3cm。广东省广州市天河区栽培，桑果始熟期3月中旬，易受微型虫危害，开花期遇雨水多的年份易感菌核病，耐寒性较弱。

【花果性状】广州市栽培米条总芽数17 ~ 31个，平均23.5个；米条坐果芽数10 ~ 26个，平均19.2个；坐果率59% ~ 91%，平均81.6%；米条坐果粒数45 ~ 150粒，平均82.7粒；单芽坐果数2 ~ 5粒，平均3.5粒。桑果长圆筒形，果形好，平均长径4.6cm，横径1.6cm，单果重6.2g，果柄长度1.5cm。鲜果紫黑色，酸甜可口，风味好，平均可溶性固形物7.4%，酸度1.9g/L，pH5.2，糖酸比38.9。

叶片

新梢

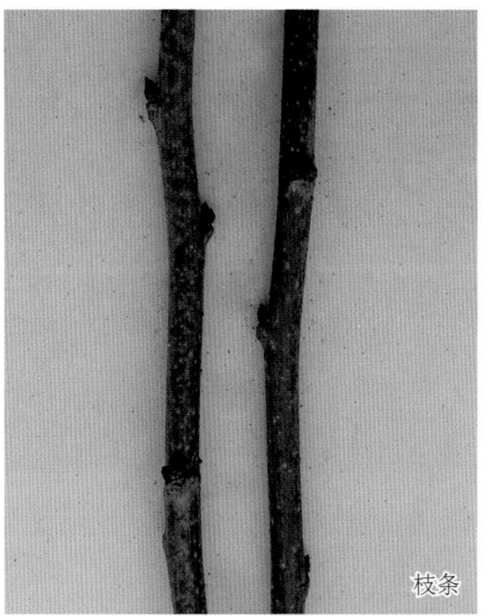

枝条

果实

挂果枝条

宇诱03—90

【资源来源】由广东省农业科学院蚕业与农产品加工研究所将广东桑杂交种子经航天诱变后选择单株定向培育而成，属广东桑种，现保存于广东省蚕桑种质资源库。

【枝叶特征与栽培特性】树形稍开展，枝条细而长，主枝发条数少，侧枝萌发力弱；皮色赤褐，节间直，平均节距5.4cm，五列叶序；皮孔大小中等，较稀，线性；冬芽长三角形，棕褐色，大小中等，斜生，副芽数量较多；枝条根源体平，芽褥状态微凸，叶痕半圆形。幼叶花色苷显色弱，顶端叶着生姿态平伸，叶柄着生姿态上举；植株叶片形状全叶，叶面平展，叶长心形，深绿色，叶尖长尾状，叶缘粗圆齿，叶基深心形，平均叶长18.9cm，叶幅16.9cm；叶面光滑，光泽性强，叶面缩皱程度中弱，叶柄细长，平均4.3cm。广东省广州市天河区栽培，桑果始熟期3月上中旬，易受微型虫危害，开花期遇雨水多的年份易感菌核病，耐寒性较弱。

【花果性状】广州市栽培米条总芽数19 ~ 36个，平均25.2个；米条坐果芽数12 ~ 31个，平均20.2个；坐果率60% ~ 92%，平均78.5%；米条坐果粒数45 ~ 82粒，平均64.0粒；单芽坐果数2 ~ 3粒，平均2.6粒。桑果长圆筒形，果形好，平均长径7.1cm，横径1.4cm，单果重3.9g，果柄长度1.0cm。鲜果紫黑色，酸甜可口，风味好，平均可溶性固形物5.2%，酸度3.7g/L，pH4.5，糖酸比13.9。

叶片

新梢

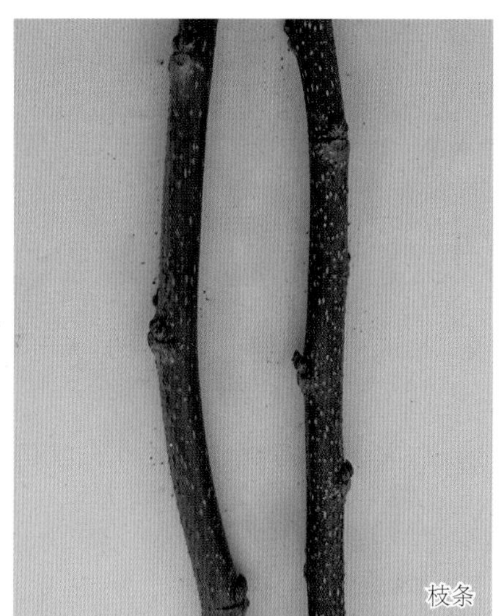
枝条

果实

挂果枝条

宇诱03—105

【资源来源】由广东省农业科学院蚕业与农产品加工研究所将广东桑杂交种子经航天诱变后选择单株定向培育而成，属广东桑种，现保存于广东省蚕桑种质资源库。

【枝叶特征与栽培特性】树形稍开展，枝条细而长，主枝发条数少，侧枝萌发力弱；皮色棕褐，节间直，平均节距5.0cm，五列叶序；皮孔大小中等，较稀，椭圆形；冬芽长三角形，赤褐色，大小中等，斜生，副芽数量较少；枝条根源体平，芽褥状态平，叶痕三角形。幼叶花色苷显色中弱，顶端叶着生姿态平伸，叶柄着生姿态上举；植株叶片形状全叶，叶面平展，叶长心形，深绿色，叶尖长尾状，叶缘粗圆齿，叶基深心形，平均叶长22.6cm，叶幅17.7cm；叶面光滑，光泽性强，叶面缩皱程度中强，叶柄细长，平均3.4cm。广东省广州市天河区栽培，桑果始熟期3月中旬，易受微型虫危害，开花期遇雨水多的年份易感菌核病，耐寒性较弱。

【花果性状】广州市栽培米条总芽数23 ~ 30个，平均27.3个；米条坐果芽数8 ~ 29个，平均22.3个；坐果率35% ~ 97%，平均80.4%；米条坐果粒数14 ~ 110粒，平均67.7粒；单芽坐果数1 ~ 3粒，平均2.4粒。桑果长圆筒形，果形好，平均长径4.1cm，横径1.4cm，单果重5.4g，果柄长度1.3cm。鲜果紫黑色，酸甜可口，风味好，平均可溶性固形物16.0%，酸度6.3g/L，pH3.9，糖酸比25.4。

叶片

新梢

枝条

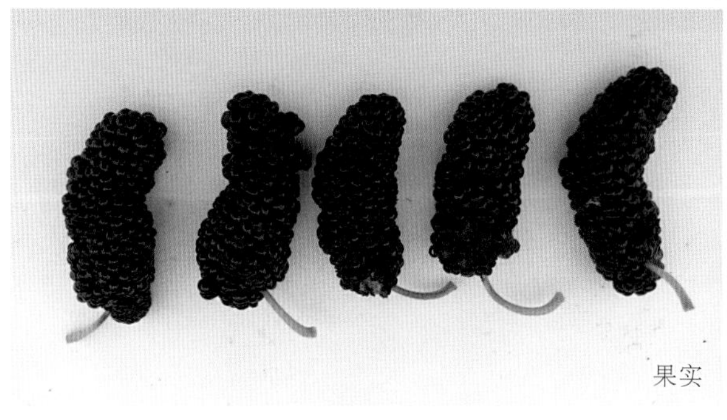
果实

挂果枝条

宇诱03—107

【资源来源】由广东省农业科学院蚕业与农产品加工研究所将广东桑杂交种子经航天诱变后选择单株定向培育而成，属广东桑种，现保存于广东省蚕桑种质资源库。

【枝叶特征与栽培特性】树形稍开展，枝条细而长，主枝发条数少，侧枝萌发力弱；皮色棕褐，节间直，平均节距4.8cm，五列叶序；皮孔大小中等，较稀，椭圆形；冬芽长三角形，棕褐色，小，尖离，副芽数量较少；枝条根源体平，芽褥状态微凸，叶痕半圆形。幼叶花色苷显色无，顶端叶着生姿态平伸，叶柄着生姿态上举；植株叶片形状全叶，叶面平展，叶心形，深绿色，叶尖长尾状，叶缘粗圆齿，叶基肾形，平均叶长17.9cm，叶幅15.0cm；叶面光滑，光泽性中等，叶面缩皱程度中等，叶柄细长，平均5.5cm。广东省广州市天河区栽培，桑果始熟期3月上中旬，易受微型虫危害，开花期遇雨水多的年份易感菌核病，耐寒性较弱。

【花果性状】广州市栽培米条总芽数25～32个，平均27.8个；米条坐果芽数13～31个，平均20.2个；坐果率52%～100%，平均71.3%；米条坐果粒数32～102粒，平均63.8粒；单芽坐果数1～3粒，平均2.3粒。桑果短圆筒形，果形好，平均长径3.4cm，横径1.4cm，单果重4.1g，果柄长度0.9cm。鲜果紫黑色，酸甜可口，风味好，平均可溶性固形物10.1%，酸度1.4g/L，pH4.8，糖酸比70.7。

叶片

新梢

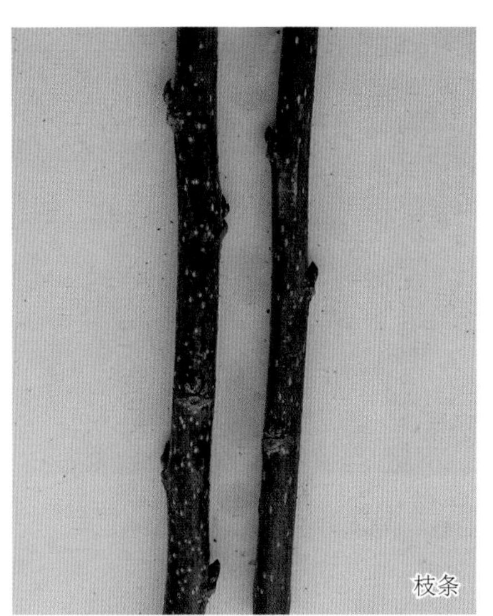
枝条

果实

挂果枝条

宇诱03—124

【资源来源】由广东省农业科学院蚕业与农产品加工研究所将广东桑杂交种子经航天诱变后选择单株定向培育而成，属广东桑种，现保存于广东省蚕桑种质资源库。

【枝叶特征与栽培特性】树形稍开展，枝条细而长，主枝发条数少，侧枝萌发力弱；皮色赤褐，节间直，平均节距4.4cm，五列叶序；皮孔大小中等，较稀，椭圆形；冬芽长三角形，棕褐色，大小中等，尖离，副芽数量较多；枝条根源体平，芽褥状态平，叶痕三角形。幼叶花色苷显色中等，顶端叶着生姿态斜上，叶柄着生姿态上举；植株叶片形状全叶，叶面平展，叶心形，深绿色，叶尖长尾状，叶缘粗圆齿，叶基浅心形，平均叶长19.9cm，叶幅17.1cm；叶面光滑，光泽性中等，叶面缩皱程度中弱，叶柄细长，平均4.7cm。广东省广州市天河区栽培，桑果始熟期3月中旬，易受微型虫危害，开花期遇雨水多的年份易感菌核病，耐寒性较弱。

【花果性状】广州市栽培米条总芽数24～29个，平均25.5个；米条坐果芽数13～26个，平均19.2个；坐果率52%～92%，平均75.1%；米条坐果粒数43～122粒，平均78.7粒；单芽坐果数2～5粒，平均3.1粒。桑果短圆筒形，果形好，平均长径3.1cm，横径1.5cm，单果重4.0g，果柄长度0.7cm。鲜果紫黑色，酸甜可口，风味好，平均可溶性固形物9.1%，酸度1.7g/L，pH4.6，糖酸比53.7。

叶片

新梢

枝条

果实

挂果枝条

宇诱03—125

【资源来源】由广东省农业科学院蚕业与农产品加工研究所将广东桑杂交种子经航天诱变后选择单株定向培育而成，属广东桑种，现保存于广东省蚕桑种质资源库。

【枝叶特征与栽培特性】树形稍开展，枝条细而长，主枝发条数少，侧枝萌发力弱；皮色棕褐，节间直，平均节距5.1cm，五列叶序；皮孔小，较稀，椭圆形；冬芽卵圆形，棕褐色，小，尖离，副芽数量较多；枝条根源体微凸，芽褥状态微凸，叶痕三角形。幼叶花色苷显色无，顶端叶着生姿态斜上，叶柄着生姿态上举；植株叶片形状全叶，叶面平展，叶心形，深绿色，叶尖长尾状，叶缘粗圆齿，叶基肾形，平均叶长20.2cm，叶幅16.8cm；叶面光滑，光泽性中等，叶面缩皱程度中等，叶柄细长，平均5.4cm。广东省广州市天河区栽培，桑果始熟期3月上中旬，易受微型虫危害，开花期遇雨水多的年份易感菌核病，耐寒性较弱。

【花果性状】广州市栽培米条总芽数19 ~ 25个，平均22.8个；米条坐果芽数18 ~ 28个，平均22.2个；坐果率87% ~ 112%，平均96.8%；米条坐果粒数70 ~ 100粒，平均89.3粒；单芽坐果数3 ~ 4粒，平均3.9粒。桑果中圆筒形，果形好，平均长径3.7cm，横径1.6cm，单果重5.9g，果柄长度0.7cm。鲜果紫黑色，酸甜可口，风味好，平均可溶性固形物6.7%，酸度5.0g/L，pH4.2，糖酸比13.3。

叶片

新梢

枝条

果实

挂果枝条

宇诱03—127

【资源来源】 由广东省农业科学院蚕业与农产品加工研究所将广东桑杂交种子经航天诱变后选择单株定向培育而成，属广东桑种，现保存于广东省蚕桑种质资源库。

【枝叶特征与栽培特性】 树形稍开展，枝条粗度中等而长，主枝发条数少，侧枝萌发力弱；皮色赤褐，节间直，平均节距4.3cm，五列叶序；皮孔大小中等，较稀，椭圆形；冬芽长三角形，赤褐色，大小中等，贴生，副芽数量较多；枝条根源体平，芽褥状态凸，叶痕半圆形。幼叶花色苷显色无，顶端叶着生姿态平伸，叶柄着生姿态上举；植株叶片形状全叶，叶面平展，叶长心形，深绿色，叶尖长尾状，叶缘粗圆齿，叶基肾形，平均叶长20.2cm，叶幅17.8cm；叶面光滑，光泽性中等，叶面缩皱程度中弱，叶柄细长，平均6.3cm。广东省广州市天河区栽培，桑果始熟期3月中旬，易受微型虫危害，开花期遇雨水多的年份易感菌核病，耐寒性较弱。

【花果性状】 广州市栽培米条总芽数15～32个，平均25.2个；米条坐果芽数8～29个，平均19.2个；坐果率34%～95%，平均76.2%；米条坐果粒数41～65粒，平均47.0粒；单芽坐果数1～3粒，平均2.0粒。桑果中圆筒形，果形好，平均长径3.8cm，横径1.4cm，单果重4.7g，果柄长度1.1cm。鲜果紫黑色，酸甜可口，风味好，平均可溶性固形物17.3%，酸度3.6g/L，pH4.4，糖酸比47.5。

叶片　新梢　枝条

果实　挂果枝条

宇诱03—273

【资源来源】由广东省农业科学院蚕业与农产品加工研究所将广东桑杂交种子经航天诱变后选择单株定向培育而成，属广东桑种，现保存于广东省蚕桑种质资源库。

【枝叶特征与栽培特性】树形稍开展，枝条粗度中等而长，主枝发条数多，侧枝萌发力强；皮色青褐，节间直，平均节距5.8cm，五列叶序；皮孔小，较密，圆形；冬芽长三角形，棕褐色，小，腹离，副芽数量较多；枝条根源体微凸，芽褥状态微凸，叶痕三角形。幼叶花色苷显色无，顶端叶着生姿态斜上，叶柄着生姿态上举；植株叶片形状全叶，叶面平展，叶长心形，中绿色，叶尖长尾状，叶缘细圆齿，叶基深心形，平均叶长21.2cm，叶幅16.8cm；叶面光滑，光泽性中等，叶面缩皱程度中弱，叶柄细长，平均4.4cm。广东省广州市白云区栽培，桑果始熟期3月上中旬，易受微型虫危害，开花期遇雨水多的年份易感菌核病，耐寒性较弱。

【花果性状】广州市栽培米条总芽数10～17个，平均12.8个；米条坐果芽数5～11个，平均7.7个；坐果率38%～90%，平均61%；米条坐果粒数6～20粒，平均12.8粒；单芽坐果数1～2粒，平均1.1粒。桑果中圆筒形，果形好，平均长径3.6cm，横径1.3cm，单果重3.5g，果柄长度2.0cm。鲜果紫黑色，酸甜可口，风味好，平均可溶性固形物16.3%，酸度7.1g/L，pH3.9，糖酸比23.0。

叶片

新梢

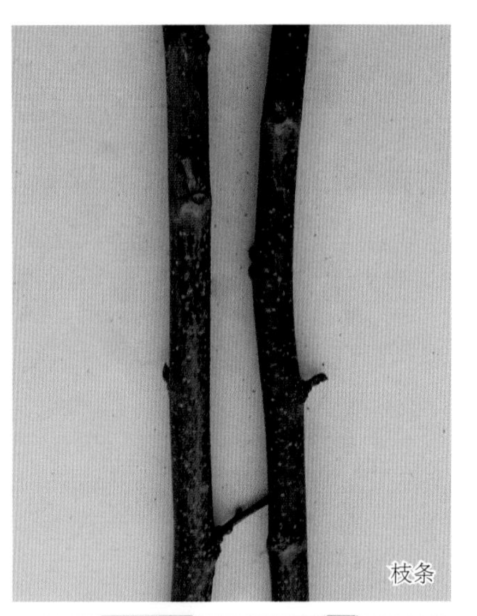
枝条

果实

挂果枝条

宇诱03—351

【资源来源】由广东省农业科学院蚕业与农产品加工研究所将广东桑杂交种子经航天诱变后选择单株定向培育而成，属广东桑种，现保存于广东省蚕桑种质资源库。

【枝叶特征与栽培特性】树形稍开展，枝条细而长，主枝发条数少，侧枝萌发力弱；皮色青褐，节间直，平均节距5.3cm，五列叶序；皮孔大小中等，较稀，椭圆形；冬芽长三角形，黄褐色，大小中等，贴生，副芽数量较少；枝条根源体平，芽褥状态凸，叶痕三角形。幼叶花色苷显色无，顶端叶着生姿态平伸，叶柄着生姿态上举；植株叶片形状全叶，叶面平展，叶心形，深绿色，叶尖双头状，叶缘粗圆齿，叶基深心形，平均叶长22.8cm，叶幅24.4cm；叶面光滑，光泽性强，叶面缩皱程度中强，叶柄细长，平均6.0cm。广东省广州市天河区栽培，桑果始熟期3月上中旬，易受微型虫危害，开花期遇雨水多的年份易感菌核病，耐寒性较弱。

【花果性状】广州市栽培米条总芽数16～25个，平均21.0个；米条坐果芽数8～20个，平均13.5个；坐果率42%～94%，平均64.5%；米条坐果粒数31～80粒，平均41.7粒；单芽坐果数1～5粒，平均2.1粒。桑果长圆筒形，果形好，平均长径4.0cm，横径1.6cm，单果重6.5g，果柄长度2.1cm。鲜果紫黑色，酸甜可口，风味好，平均可溶性固形物7.8%，酸度7.5g/L，pH3.9，糖酸比10.4。

叶片

新梢

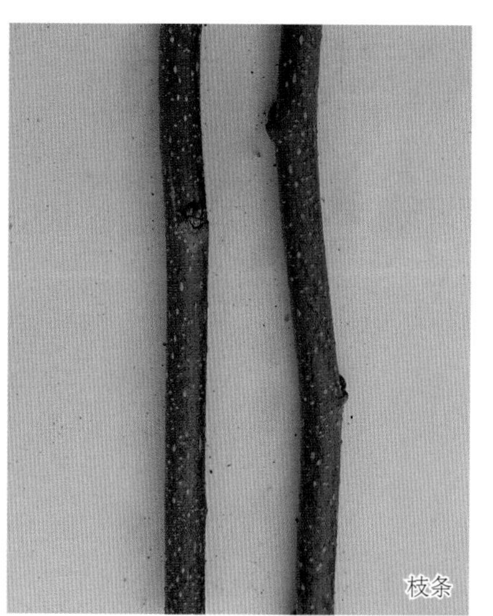
枝条

果实

挂果枝条

宇诱03—388

【资源来源】由广东省农业科学院蚕业与农产品加工研究所将广东桑杂交种子经航天诱变后选择单株定向培育而成，属广东桑种，现保存于广东省蚕桑种质资源库。

【枝叶特征与栽培特性】树形稍开展，枝条粗度中等而长，主枝发条数少，侧枝萌发力弱；皮色棕褐，节间直，平均节距6.0cm，五列叶序；皮孔大小中等，较稀，椭圆形；冬芽长三角形，棕褐色，大小中等，腹离，副芽数量较少；枝条根源体微凸，芽褥状态微凸，叶痕半圆形。幼叶花色苷显色中等，顶端叶着生姿态平伸，叶柄着生姿态上举；植株叶片形状全叶，叶面平展，叶长心形，深绿色，叶尖长尾状，叶缘细圆齿，叶基深心形，平均叶长26.6cm，叶幅23.2cm；叶面光滑，光泽性中等，叶面缩皱程度弱，叶柄细长，平均6.3cm。广东省广州市白云区栽培，桑果始熟期3月上中旬，易受微型虫危害，开花期遇雨水多的年份易感菌核病，耐寒性较弱。

【花果性状】广州市栽培米条总芽数16 ~ 26个，平均19.3个；米条坐果芽数4 ~ 19个，平均12.0个；坐果率22% ~ 94%，平均62%；米条坐果粒数21 ~ 45粒，平均33.2粒；单芽坐果数1 ~ 3粒，平均1.7粒。桑果长圆筒形，果形好，平均长径4.9cm，横径1.7cm，单果重9.3g，果柄长度0.9cm。鲜果紫黑色，酸甜可口，风味好，平均可溶性固形物5.4%，酸度4.2g/L，pH4.1，糖酸比12.9。

叶片　新梢　枝条　果实　挂果枝条

宇诱03—627

【资源来源】由广东省农业科学院蚕业与农产品加工研究所将广东桑杂交种子经航天诱变后选择单株定向培育而成，属广东桑种，现保存于广东省蚕桑种质资源库。

【枝叶特征与栽培特性】树形稍开展，枝条细而长，主枝发条数少，侧枝萌发力弱；皮色赤褐，节间直，平均节距6.0cm，五列叶序；皮孔大小中等，较稀，椭圆形；冬芽长三角形，赤褐色，大小中等，贴生，副芽数量较少；枝条根源体微凸，芽褥状态微凸，叶痕半圆形。幼叶花色苷显色弱，顶端叶着生姿态平伸，叶柄着生姿态上举；植株叶片形状全叶，叶面扭曲，叶长心形，深绿色，叶尖长尾状，叶缘粗圆齿，叶基深心形，平均叶长24.7cm，叶幅21.8cm；叶面光滑，光泽性强，叶面缩皱程度中弱，叶柄细长，平均5.8cm。广东省广州市天河区栽培，桑果始熟期3月上中旬，易受微型虫危害，开花期遇雨水多的年份易感菌核病，耐寒性较弱。

【花果性状】广州市栽培米条总芽数11 ~ 22个，平均17.2个；米条坐果芽数11 ~ 20个，平均16.3个；坐果率86% ~ 100%，平均96.2%；米条坐果粒数31 ~ 64粒，平均44.3粒；单芽坐果数2 ~ 3粒，平均2.7粒。桑果长圆筒形，果形好，平均长径4.3cm，横径1.6cm，单果重6.5g，果柄长度0.7cm。鲜果紫黑色，酸甜可口，风味好，平均可溶性固形物13.8%，酸度2.8g/L，pH4.8，糖酸比50.0。

叶片

新梢

枝条

果实

挂果枝条

宇诱03-631

【资源来源】由广东省农业科学院蚕业与农产品加工研究所将广东桑杂交种子经航天诱变后选择单株定向培育而成，属广东桑种，现保存于广东省蚕桑种质资源库。

【枝叶特征与栽培特性】树形稍开展，枝条粗度中等而长，主枝发条数少，侧枝萌发力弱；皮色赤褐，节间直，平均节距5.0cm，五列叶序；皮孔大小中等，较稀，线性；冬芽长三角形，棕褐色，小，腹离，副芽数量较多；枝条根源体平，芽褥状态凸，叶痕半圆形。幼叶花色苷显色无，顶端叶着生姿态平伸，叶柄着生姿态上举；植株叶片形状全叶，叶面平展，叶长心形，深绿色，叶尖长尾状，叶缘细圆齿，叶基深心形，平均叶长22.7cm，叶幅17.4cm；叶面光滑，光泽性强，叶面缩皱程度中弱，叶柄细长，平均4.4cm。广东省广州市天河区栽培，桑果始熟期3月中旬，易受微型虫危害，开花期遇雨水多的年份易感菌核病，耐寒性较弱。

【花果性状】广州市栽培米条总芽数8 ~ 21个，平均13.3个；米条坐果芽数8 ~ 18个，平均12.2个；坐果率83% ~ 100%，平均92.6%；米条坐果粒数21 ~ 46粒，平均37.0粒；单芽坐果数2 ~ 4粒，平均2.9粒。桑果中圆筒形，果形好，平均长径3.9cm，横径1.7cm，单果重7.2g，果柄长度0.8cm。鲜果紫黑色，酸甜可口，风味好，平均可溶性固形物6.6%，酸度5.4g/L，pH3.9，糖酸比12.1。

叶片

新梢

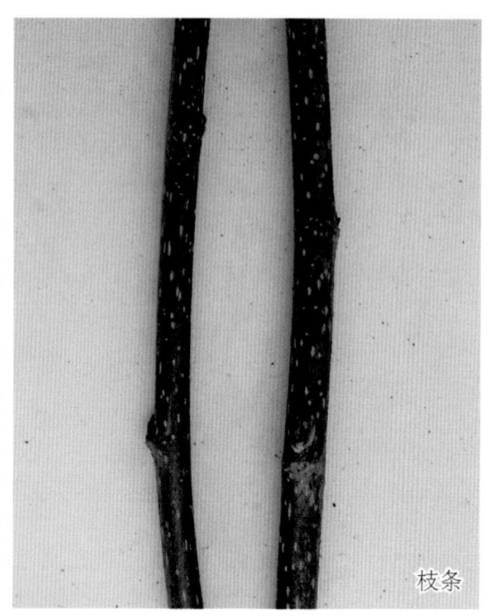
枝条

果实

挂果枝条

宇诱03-646

【资源来源】由广东省农业科学院蚕业与农产品加工研究所将广东桑杂交种子经航天诱变后选择单株定向培育而成，属广东桑种，现保存于广东省蚕桑种质资源库。

【枝叶特征与栽培特性】树形稍开展，枝条细而长，主枝发条数少，侧枝萌发力弱；皮色赤褐，节间直，平均节距4.1cm，五列叶序；皮孔大小中等，较密，椭圆形；冬芽长三角形，棕褐色，大小中等，斜生，副芽数量较少；枝条根源体凸，芽褥状态微凸，叶痕半圆形。幼叶花色苷显色无，顶端叶着生姿态平伸，叶柄着生姿态上举；植株叶片形状全叶，叶面平展，叶长心形，中绿色，叶尖长尾状，叶缘粗圆齿，叶基深心形，平均叶长24.7cm，叶幅20.3cm；叶面光滑，光泽性弱，叶面缩皱程度中弱，叶柄细长，平均5.3cm。广东省广州市天河区栽培，桑果始熟期3月中旬，易受微型虫危害，开花期遇雨水多的年份易感菌核病，耐寒性较弱。

【花果性状】广州市栽培米条总芽数10 ~ 22个，平均14.7个；米条坐果芽数9 ~ 17个，平均11.5个；坐果率60% ~ 90%，平均79.0%；米条坐果粒数17 ~ 80粒，平均39.2粒；单芽坐果数2 ~ 5粒，平均2.6粒。桑果中圆筒形，果形好，平均长径3.9cm，横径1.6cm，单果重5.8g，果柄长度0.7cm。鲜果紫黑色，酸甜可口，风味好，平均可溶性固形物20.7%，酸度2.8g/L，pH4.7，糖酸比73.9。

宇诱03—662

【资源来源】 由广东省农业科学院蚕业与农产品加工研究所将广东桑杂交种子经航天诱变后选择单株定向培育而成，属广东桑种，现保存于广东省蚕桑种质资源库。

【枝叶特征与栽培特性】 树形稍开展，枝条粗度中等而长，主枝发条数少，侧枝萌发力中等；皮色棕褐，节间直，平均节距5.4cm，五列叶序；皮孔大小中等，稀，椭圆形；冬芽长三角形，紫褐色，大小中等，尖离，副芽数量较少；枝条根源体平，芽褥状态平，叶痕半圆形。幼叶花色苷显色中等，顶端叶着生姿态平伸，叶柄着生姿态上举；植株叶片形状全叶，叶面平展，叶长心形，深绿色，叶尖长尾状，叶缘粗圆齿，叶基深心形，平均叶长17.6cm，叶幅12.9cm；叶面光滑，光泽性中等，叶面缩皱程度中等，叶柄细长，平均3.7cm。广东省广州市天河区栽培，桑果始熟期3月上中旬，易受微型虫危害，开花期遇雨水多的年份易感菌核病，耐寒性较弱。

【花果性状】 广州市栽培米条总芽数23 ~ 33个，平均25.5个；米条坐果芽数18 ~ 32个，平均22.8个；坐果率78% ~ 100%，平均89.3%；米条坐果粒数68 ~ 120粒，平均95.5粒；单芽坐果数2 ~ 6粒，平均3.9粒。桑果中圆筒形，果形好，平均长径3.6cm，横径1.5cm，单果重4.8g，果柄长度0.9cm。鲜果紫黑色，酸甜可口，风味好，平均可溶性固形物3.6%，酸度1.9g/L，pH4.6，糖酸比18.5。

宇诱03–668

【资源来源】由广东省农业科学院蚕业与农产品加工研究所将广东桑杂交种子经航天诱变后选择单株定向培育而成，属广东桑种，现保存于广东省蚕桑种质资源库。

【枝叶特征与栽培特性】树形稍开展，枝条细而长，主枝发条数少，侧枝萌发力弱；皮色赤褐，节间直，平均节距4.3cm，五列叶序；皮孔大小中等，较稀，椭圆形；冬芽长三角形，棕褐色，大小中等，尖离，副芽数量少；枝条根源体平，芽褥状态微凸，叶痕半圆形。幼叶花色苷显色无，顶端叶着生姿态平伸，叶柄着生姿态上举；植株叶片形状全叶，叶面平展，叶长心形，中绿色，叶尖长尾状，叶缘粗圆齿，叶基深心形，平均叶长21.0cm，叶幅17.1cm；叶面光滑，光泽性中等，叶面缩皱程度中等，叶柄细长，平均5.6cm。广东省广州市天河区栽培，桑果始熟期3月上中旬，易受微型虫危害，开花期遇雨水多的年份易感菌核病，耐寒性较弱。

【花果性状】广州市栽培米条总芽数17～29个，平均21.0个；米条坐果芽数13～24个，平均17.8个；坐果率71%～95%，平均85.1%；米条坐果粒数27～85粒，平均43.7粒；单芽坐果数1～4粒，平均2.1粒。桑果短圆筒形，果形好，平均长径2.9cm，横径1.6cm，单果重4.9g，果柄长度0.8cm。鲜果紫黑色，酸甜可口，风味好，平均可溶性固形物10.8%，酸度2.5g/L，pH4.5，糖酸比42.4。

叶片　新梢　枝条

果实　挂果枝条

宇诱03—792

【资源来源】由广东省农业科学院蚕业与农产品加工研究所将广东桑杂交种子经航天诱变后选择单株定向培育而成，属广东桑种，现保存于广东省蚕桑种质资源库。

【枝叶特征与栽培特性】树形稍开展，枝条粗而长，主枝发条数少，侧枝萌发力强；皮色黄褐，节间直，平均节距4.9cm，五列叶序；皮孔小，较密，椭圆形；冬芽长三角形，黄褐色，大小中等，腹离，副芽数量较少；枝条根源体平，芽褥状态平，叶痕三角形。幼叶花色苷显色弱，顶端叶着生姿态平伸，叶柄着生姿态上举；植株叶片形状全叶，叶面平展，叶卵形，深绿色，叶尖双头状，叶缘细圆齿，叶基浅心形，平均叶长21.1cm，叶幅18.3cm；叶面光滑，光泽性强，叶面缩皱程度中等，叶柄细长，平均5.7cm。广东省广州市白云区栽培，桑果始熟期3月上中旬，易受微型虫危害，开花期遇雨水多的年份易感菌核病，耐寒性较弱。

【花果性状】广州市栽培米条总芽数12 ~ 21个，平均16.7个；米条坐果芽数5 ~ 11个，平均8.5个；坐果率36% ~ 75%，平均52%；米条坐果粒数18 ~ 26粒，平均21.9粒；单芽坐果数1 ~ 1.5粒，平均1.3粒。桑果短圆筒形，果形好，平均长径3.1cm，横径1.6cm，单果重5.0g，果柄长度0.4cm。鲜果紫黑色，酸甜可口，风味好，平均可溶性固形物10.7%，酸度4.5g/L，pH4.2，糖酸比23.6。

叶片

新梢

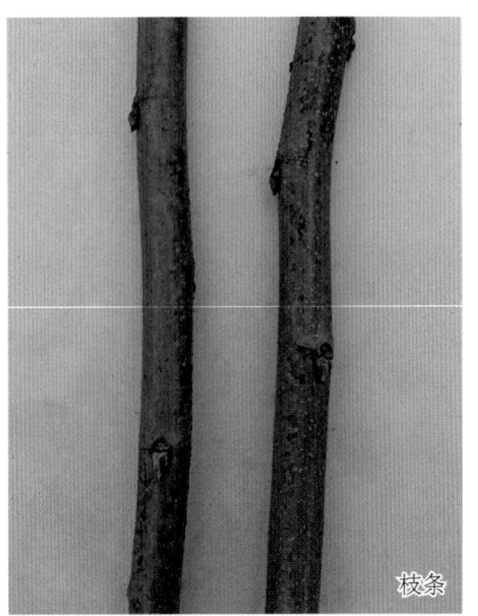
枝条

果实

挂果枝条

宇诱03—848

【资源来源】由广东省农业科学院蚕业与农产品加工研究所将广东桑杂交种子经航天诱变后选择单株定向培育而成，属广东桑种，现保存于广东省蚕桑种质资源库。

【枝叶特征与栽培特性】树形稍开展，枝条细而长，主枝发条数少，侧枝萌发力弱；皮色棕褐，节间直，平均节距5.5cm，五列叶序；皮孔大小中等，较稀，椭圆形；冬芽长三角形，棕褐色，小，贴生，副芽数量较少；枝条根源体微凸，芽褥状态微凸，叶痕半圆形。幼叶花色苷显色无，顶端叶着生姿态平伸，叶柄着生姿态上举；植株叶片形状全叶，叶面平展，叶长心形，浅绿色，叶尖长尾状，叶缘细圆齿，叶基深心形，平均叶长20.9cm，叶幅15.5cm；叶面光滑，光泽性弱，叶面缩皱程度弱，叶柄细长，平均4.2cm。广东省广州市白云区栽培，桑果始熟期3月上中旬，易受微型虫危害，开花期遇雨水多的年份易感菌核病，耐寒性较弱。

【花果性状】广州市栽培米条总芽数15 ~ 23个，平均19.2个；米条坐果芽数14 ~ 21个，平均18.3个；坐果率93% ~ 100%，平均96%；米条坐果粒数27 ~ 68粒，平均42.8粒；单芽坐果数1 ~ 3粒，平均2.3粒。桑果中圆筒形，果形好，平均长径3.7cm，横径1.6cm，单果重5.1g，果柄长度1.4cm。鲜果紫黑色，酸甜可口，风味好，平均可溶性固形物6.6%，酸度5.3g/L，pH4.0，糖酸比12.4。

叶片

新梢

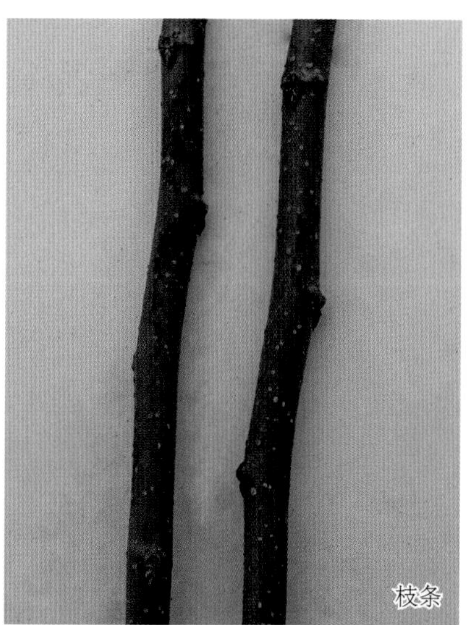
枝条

果实

挂果枝条

宇诱03-863

【资源来源】由广东省农业科学院蚕业与农产品加工研究所将广东桑杂交种子经航天诱变后选择单株定向培育而成，属广东桑种，现保存于广东省蚕桑种质资源库。

【枝叶特征与栽培特性】树形稍开展，枝条粗而长，主枝发条数少，侧枝萌发力弱；皮色棕褐，节间直，平均节距5.9cm，五列叶序；皮孔大小中等，较密，椭圆形；冬芽长三角形，赤褐色，大小中等，尖离，副芽数量较少；枝条根源体平，芽褥状态平，叶痕三角形。幼叶花色苷显色弱，顶端叶着生姿态平伸，叶柄着生姿态上举；植株叶片形状全叶，叶面平展，叶长心形，中绿色，叶尖长尾状，叶缘细圆齿，叶基深心形，平均叶长23.0cm，叶幅17.8cm；叶面较粗糙，光泽性中等，叶面缩皱程度弱，叶柄细长，平均4.4cm。广东省广州市白云区栽培，桑果始熟期3月上中旬，易受微型虫危害，开花期遇雨水多的年份易感菌核病，耐寒性较弱。

【花果性状】广州市栽培米条总芽数10～25个，平均19.0个；米条坐果芽数8～21个，平均16.5个；坐果率80%～95%，平均86%；米条坐果粒数14～56粒，平均35.2粒；单芽坐果数1～3粒，平均1.9粒。桑果短圆筒形，果形好，平均长径1.8cm，横径1.4cm，单果重4.7g，果柄长度1.4cm。鲜果紫黑色，酸甜可口，风味好，平均可溶性固形物12.0%，酸度7.0g/L，pH3.9，糖酸比17.1。

叶片

新梢

枝条

果实

挂果枝条

宇诱03—864

【资源来源】由广东省农业科学院蚕业与农产品加工研究所将广东桑杂交种子经航天诱变后选择单株定向培育而成，属广东桑种，现保存于广东省蚕桑种质资源库。

【枝叶特征与栽培特性】树形稍开展，枝条细而长，主枝发条数多，侧枝萌发力中等；皮色青褐，节间直，平均节距5.2cm，五列叶序；皮孔小，稀，圆形；冬芽长三角形，棕褐色，大小中等，尖离，副芽数量少；枝条根源体微凸，芽褥状态微凸，叶痕三角形。幼叶花色苷显色弱，顶端叶着生姿态平伸，叶柄着生姿态上举；植株叶片形状全叶，叶面平展，叶长心形，浅绿色，叶尖长尾状，叶缘细锯齿，叶基浅心形，平均叶长22.8cm，叶幅14.0cm；叶面光滑，光泽性弱，叶面缩皱程度弱，叶柄细长，平均4.44cm。广东省广州市白云区栽培，桑果始熟期3月中旬，易受微型虫危害，开花期遇雨水多的年份易感菌核病，耐寒性较弱。

【花果性状】广州市栽培米条总芽数10～22个，平均14.2个；米条坐果芽数2～7个，平均4.2个；坐果率9%～54%，平均33%；米条坐果粒数12～28粒，平均20.2粒；单芽坐果数1～2粒，平均1.5粒。桑果长圆筒形，果形好，平均长径4.5cm，横径1.8cm，单果重7.0g，果柄长度1.3cm。鲜果紫黑色，酸甜可口，风味好，平均可溶性固形物14.8%，酸度6.1g/L，pH3.9，糖酸比24.1。

叶片

新梢

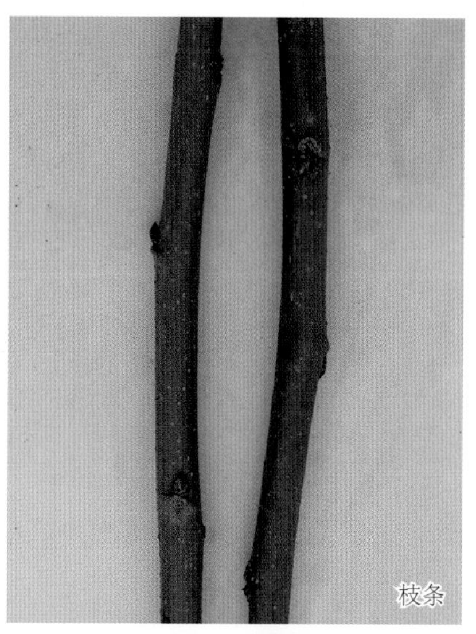

枝条

果实

挂果枝条

宇诱03-867

【资源来源】由广东省农业科学院蚕业与农产品加工研究所将广东桑杂交种子经航天诱变后选择单株定向培育而成，属广东桑种，现保存于广东省蚕桑种质资源库。

【枝叶特征与栽培特性】树形稍开展，枝条粗度中等而长，主枝发条数少，侧枝萌发力中等；皮色棕褐，节间直，平均节距6.0cm，五列叶序；皮孔小，较稀，椭圆形；冬芽长三角形，棕褐色，大小中等，尖离，副芽数量较少；枝条根源体平，芽褥状态微凸，叶痕半圆形。幼叶花色苷显色弱，顶端叶着生姿态平伸，叶柄着生姿态上举；植株叶片形状全叶，叶面平展，叶长心形，中绿色，叶尖长尾状，叶缘细圆齿，叶基深心形，平均叶长22.9cm，叶幅19.0cm；叶面光滑，光泽性中等，叶面缩皱程度弱，叶柄细长，平均3.8cm。广东省广州市天河区栽培，桑果始熟期3月上中旬，易受微型虫危害，开花期遇雨水多的年份易感菌核病，耐寒性较弱。

【花果性状】广州市栽培米条总芽数14～25个，平均18.3个；米条坐果芽数14～25个，平均16.8个；坐果率75%～100%，平均92.1%；米条坐果粒数32～81粒，平均50.7粒；单芽坐果数1～5粒，平均2.9粒。桑果长圆筒形，果形好，平均长径10.9cm，横径1.6cm，单果重6.2g，果柄长度1.0cm。鲜果紫黑色，酸甜可口，风味好，平均可溶性固形物9.7%，酸度8.5g/L，pH3.9，糖酸比11.4。

叶片

新梢

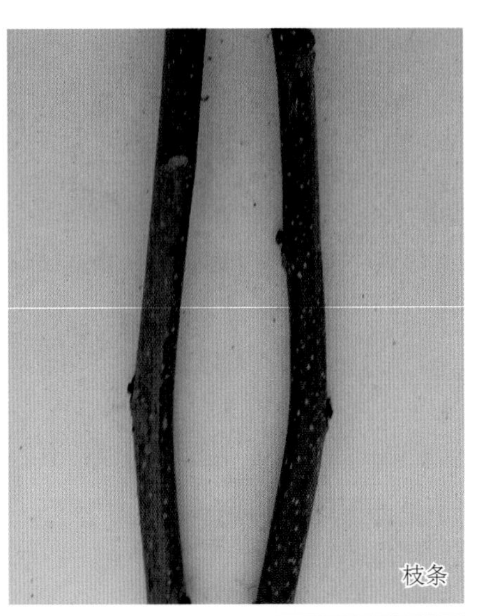
枝条

果实

挂果枝条

四、杂交选育创制资源

2024

【资源来源】由广东省农业科学院蚕业与农产品加工研究所从广东桑杂交后代中选择单株定向培育而成，属广东桑种，现保存于广东省蚕桑种质资源库。

【枝叶特征与栽培特性】树形稍开展，枝条细而长，主枝发条数少，侧枝萌发力中等；皮色青褐，节间直，平均节距5.0cm，五列叶序；皮孔小，较稀，椭圆形；冬芽长三角形，黄褐色，大小中等，腹离，副芽数量较少；枝条根源体微凸，芽褥状态平，叶痕半圆形。幼叶花色苷显色无，顶端叶着生姿态平伸，叶柄着生姿态上举；植株叶片形状全叶，叶面平展，叶长心形，深绿色，叶尖长尾状，叶缘细圆齿，叶基浅心形，平均叶长19.8cm，叶幅13.7cm；叶面光滑，光泽性强，叶面缩皱程度弱，叶柄细长，平均4.3cm。广东省广州市白云区栽培，桑果始熟期3月上中旬，易受微型虫危害，开花期遇雨水多的年份易感菌核病，耐寒性较弱。

【花果性状】广州市栽培米条总芽数20 ~ 34个，平均26.2个；米条坐果芽数14 ~ 32个，平均22.0个；坐果率56% ~ 100%，平均84.1%；米条坐果粒数37 ~ 94粒，平均66.0粒；单芽坐果数2 ~ 3粒，平均2.5粒。桑果中圆筒形，果形好，平均长径3.7cm，横径1.2cm，单果重3.4g，果柄长度1.2cm。鲜果紫黑色，酸甜可口，风味好，平均可溶性固形物11.5%，酸度10.1g/L，pH3.2，糖酸比11.4。

叶片

新梢

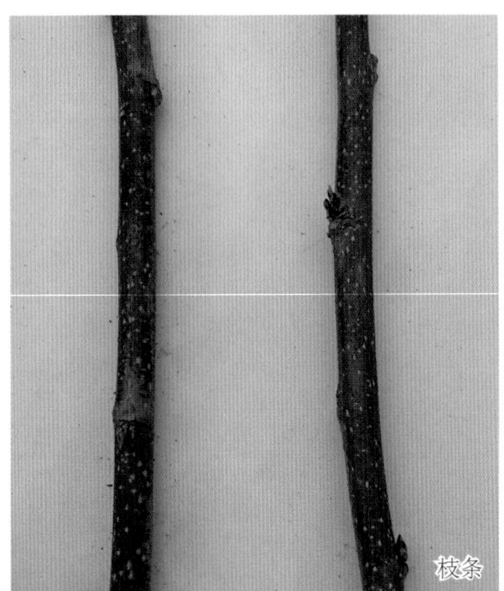
枝条

果实

挂果枝条

2025

【资源来源】由广东省农业科学院蚕业与农产品加工研究所从广东桑杂交后代中选择单株定向培育而成，属广东桑种，现保存于广东省蚕桑种质资源库。

【枝叶特征与栽培特性】树形稍开展，枝条细而长，主枝发条数少，侧枝萌发力弱；皮色青褐，节间直，平均节距5.2cm，五列叶序；皮孔大小中等，较稀，椭圆形；冬芽长三角形，黄褐色，小，尖离，副芽数量较多；枝条根源体微凸，芽褥状态平，叶痕三角形。幼叶花色苷显色无，顶端叶着生姿态平伸，叶柄着生姿态上举；植株叶片形状全叶，叶面平展，叶长心形，中绿色，叶尖长尾状，叶缘细圆齿，叶基浅心形，平均叶长17.8cm，叶幅11.4cm；叶面光滑，光泽性中等，叶面缩皱程度弱，叶柄细长，平均4.2cm。广东省广州市白云区栽培，桑果始熟期3月中旬，易受微型虫危害，开花期遇雨水多的年份易感菌核病，耐寒性较弱。

【花果性状】广州市栽培米条总芽数22～30个，平均26.5个；米条坐果芽数16～28个，平均23.2个；坐果率73%～100%，平均87.4%；米条坐果粒数47～123粒，平均85.0粒；单芽坐果数2～4粒，平均3.2粒。桑果中圆筒形，果形好，平均长径3.5cm，横径1.5cm，单果重4.3g，果柄长度1.9cm。鲜果紫黑色，酸甜可口，风味好，平均可溶性固形物7.3%，酸度4.1g/L，pH4.4，糖酸比17.7。

叶片

新梢

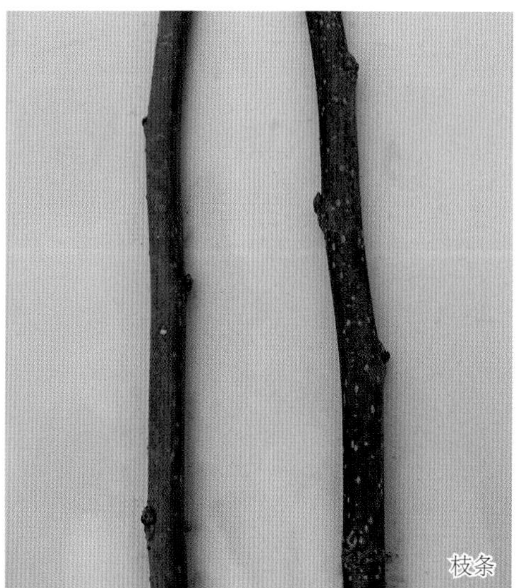
枝条

果实

挂果枝条

283

【资源来源】由广东省农业科学院蚕业与农产品加工研究所从广东桑杂交后代中选择单株定向培育而成，属广东桑种，现保存于广东省蚕桑种质资源库。

【枝叶特征与栽培特性】树形稍开展，枝条粗而长，主枝发条数少，侧枝萌发力弱；皮色青褐，节间直，平均节距5.2cm，五列叶序；皮孔大小中等，密，圆形；冬芽长三角形，棕褐色，大小中等，贴生，副芽数量较少；枝条根源体凸，芽褥状态平，叶痕三角形。幼叶花色苷显色无，顶端叶着生姿态平伸，叶柄着生姿态上举；植株叶片形状全叶，叶面平展，叶心形，深绿色，叶尖长尾状，叶缘粗圆齿，叶基深心形，平均叶长24.6cm，叶幅18.8cm；叶面光滑，光泽性强，叶面缩皱程度弱，叶柄粗长，平均5.7cm。广东省广州市白云区栽培，桑果始熟期3月上中旬，易受微型虫危害，开花期遇雨水多的年份易感菌核病，耐寒性较弱。

【花果性状】广州市栽培米条总芽数23～36个，平均27.3个；米条坐果芽数21～26个，平均23.2个；坐果率72%～93%，平均86%；米条坐果粒数66～161粒，平均122.2粒；单芽坐果数3～6粒，平均4.5粒。桑果短圆筒形，果形好，平均长径3.2cm，横径1.6cm，单果重4.0g，果柄长度1.6cm。鲜果紫黑色，酸甜可口，风味好，平均可溶性固形物6.5%，酸度3.7g/L，pH4.2，糖酸比17.5。

叶片

新梢

枝条

果实

挂果枝条

41—1

【资源来源】由广东省农业科学院蚕业与农产品加工研究所从广东桑杂交后代中选择单株定向培育而成，属广东桑种，现保存于广东省蚕桑种质资源库。

【枝叶特征与栽培特性】树形稍开展，枝条细而长，主枝发条数多，侧枝萌发力弱；皮色棕褐，节间直，平均节距5.9cm，五列叶序；皮孔大小中等，较稀，圆形；冬芽正三角形，棕褐色，大小中等，腹离，副芽数量少；枝条根源体平，芽褥状态平，叶痕三角形。幼叶花色苷显色无，顶端叶着生姿态斜上，叶柄着生姿态上举；植株叶片形状全叶，叶面平展，叶心形，中绿色，叶尖长尾状，叶缘粗锯齿，叶基深心形，平均叶长19.0cm，叶幅17.4cm；叶面光滑，光泽性中等，叶面缩皱程度弱，叶柄细长，平均4.5cm。广东省广州市白云区栽培，桑果始熟期3月上中旬，易受微型虫危害，开花期遇雨水多的年份易感菌核病，耐寒性较弱。

【花果性状】广州市栽培米条总芽数24 ~ 27个，平均25.2个；米条坐果芽数21 ~ 25个，平均22.8个；坐果率78% ~ 100%，平均91.0%；米条坐果粒数52 ~ 84粒，平均69.5粒；单芽坐果数2 ~ 3粒，平均2.8粒。桑果长圆筒形，果形好，平均长径4.3cm，横径1.4cm，单果重4.0g，果柄长度1.9cm。鲜果紫黑色，酸甜可口，风味好，平均可溶性固形物6.5%，酸度3.2g/L，pH4.8，糖酸比20.3。

叶片　新梢　枝条
果实　挂果枝条

41–6

【资源来源】 由广东省农业科学院蚕业与农产品加工研究所从广东桑杂交后代中选择单株定向培育而成，属广东桑种，现保存于广东省蚕桑种质资源库。

【枝叶特征与栽培特性】 树形稍开展，枝条细而长，主枝发条数多，侧枝萌发力弱；皮色棕褐，节间直，平均节距6.7cm，絮乱叶序；皮孔大小中等，较密，圆形；冬芽卵圆形，棕褐色，大，斜生，副芽数量少；枝条根源体平，芽褥状态微凸，叶痕圆形。幼叶花色苷显色无，顶端叶着生姿态平伸，叶柄着生姿态上举；植株叶片形状全叶、裂叶混生，叶面平展，全叶心形，深绿色，叶尖长尾状，叶缘粗锯齿，叶基肾形，平均叶长19.0cm，叶幅18.1cm；叶面光滑，光泽性强，叶面缩皱程度弱，叶柄细长，平均4.9cm。广东省广州市白云区栽培，桑果始熟期3月上中旬，易受微型虫危害，开花期遇雨水多的年份易感菌核病，耐寒性较弱。

【花果性状】 广州市栽培米条总芽数18 ~ 29个，平均22.3个；米条坐果芽数8 ~ 13个，平均10.7个；坐果率44% ~ 61%，平均48%；米条坐果粒数21 ~ 39粒，平均31.0粒；单芽坐果数1 ~ 2粒，平均1.4粒。桑果长圆筒形，果形好，平均长径5.1cm，横径1.9cm，单果重5.2g，果柄长度1.1cm。鲜果紫黑色，酸甜可口，风味好，平均可溶性固形物5.5%，酸度6.6g/L，pH3.9，糖酸比8.3。

41—7

【资源来源】由广东省农业科学院蚕业与农产品加工研究所从广东桑杂交后代中选择单株定向培育而成，属广东桑种，现保存于广东省蚕桑种质资源库。

【枝叶特征与栽培特性】树形稍开展，枝条粗度中等而长，主枝发条数多，侧枝萌发力弱；皮色青褐，节间直，平均节距5.7cm，五列叶序；皮孔大小中等，较稀，圆形；冬芽正三角形，棕褐色，大，腹离，副芽数量较少；枝条根源体平，芽褥状态平，叶痕三角形。幼叶花色苷显色弱，顶端叶着生姿态平伸，叶柄着生姿态上举；植株叶片形状全叶、裂叶混生，叶面内卷，全叶心形，深绿色，叶尖长尾状，叶缘细圆齿，叶基浅心形，平均叶长21.7cm，叶幅18.3cm；叶面光滑，光泽性强，叶面缩皱程度中弱，叶柄细长，平均4.6cm。广东省广州市白云区栽培，桑果始熟期3月上中旬，易受微型虫危害，开花期遇雨水多的年份易感菌核病，耐寒性较弱。

【花果性状】广州市栽培米条总芽数21 ~ 26个，平均23.8个；米条坐果芽数18 ~ 25个，平均21.8个；坐果率85% ~ 100%，平均91.5%；米条坐果粒数97 ~ 119粒，平均104.5粒；单芽坐果数4 ~ 5粒，平均4.4粒。桑果长圆筒形，果形好，平均长径4.0cm，横径1.5cm，单果重4.0g，果柄长度1.3cm。鲜果紫黑色，酸甜可口，风味好，平均可溶性固形物5.0%，酸度5.4g/L，pH4.3，糖酸比9.3。

41—10

【资源来源】由广东省农业科学院蚕业与农产品加工研究所从广东桑杂交后代中选择单株定向培育而成，属广东桑种，现保存于广东省蚕桑种质资源库。

【枝叶特征与栽培特性】树形稍开展，枝条粗度中等而长，主枝发条数多，侧枝萌发力弱；皮色棕褐，节间直，平均节距6.0cm，八列叶序；皮孔大小中等，稀，圆形；冬芽正三角形，棕褐色，大小中等，腹离，副芽数量较少；枝条根源体平，芽褥状态平，叶痕三角形。幼叶花色苷显色弱，顶端叶着生姿态平伸，叶柄着生姿态上举；植株叶片形状全叶、裂叶混生，叶面平展，全叶心形，深绿色，叶尖长尾状，叶缘细锯齿，叶基深心形，平均叶长19.3cm，叶幅16.7cm；叶面光滑，光泽性强，叶面缩皱程度弱，叶柄细长，平均4.2cm。广东省广州市白云区栽培，桑果始熟期3月上中旬，易受微型虫危害，开花期遇雨水多的年份易感菌核病，耐寒性较弱。

【花果性状】广州市栽培米条总芽数21 ~ 27个，平均24.3个；米条坐果芽数15 ~ 27个，平均21.0个；坐果率65% ~ 100%，平均86.0%；米条坐果粒数55 ~ 87粒，平均70.3粒；单芽坐果数2 ~ 3粒，平均2.9粒。桑果长圆筒形，果形好，平均长径4.2cm，横径1.4cm，单果重4.1g，果柄长度1.4cm。鲜果紫黑色，酸甜可口，风味好，平均可溶性固形物6.4%，酸度3.1g/L，pH4.8，糖酸比20.8。

叶片

新梢

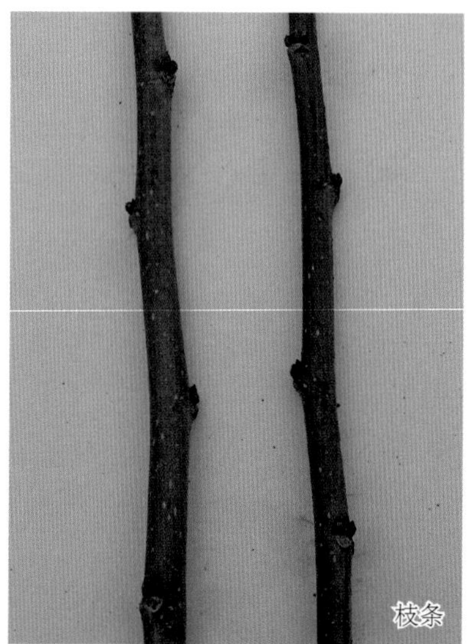
枝条

果实

挂果枝条

41—13

【资源来源】由广东省农业科学院蚕业与农产品加工研究所从广东桑杂交后代中选择单株定向培育而成，属广东桑种，现保存于广东省蚕桑种质资源库。

【枝叶特征与栽培特性】树形稍开展，枝条细而长，主枝发条数多，侧枝萌发力强；皮色赤褐，节间直，平均节距5.4cm，二列叶序；皮孔大小中等，稀，圆形；冬芽长三角形，赤褐色，大小中等，腹离，副芽数量少；枝条根源体平，芽褥状态微凸，叶痕圆形。幼叶花色苷显色无，顶端叶着生姿态平伸，叶柄着生姿态上举；植株叶片形状全叶，叶面内卷，叶心形，深绿色，叶尖短尾状，叶缘细圆齿，叶基浅心形，平均叶长16.6cm，叶幅13.8cm；叶面光滑，光泽性强，叶面缩皱程度弱，叶柄细长，平均3.8cm。广东省广州市白云区栽培，桑果始熟期3月上中旬，易受微型虫危害，开花期遇雨水多的年份易感菌核病，耐寒性较弱。

【花果性状】广州市栽培米条总芽数16～28个，平均23.2个；米条坐果芽数11～23个，平均17.5个；坐果率69%～85%，平均75.0%；米条坐果粒数32～118粒，平均75.5粒；单芽坐果数2～4粒，平均3.2粒。桑果短圆筒形，果形好，平均长径3.1cm，横径1.4cm，单果重3.0g，果柄长度1.1cm。鲜果紫黑色，酸甜可口，风味好，平均可溶性固形物4.6%，酸度2.7g/L，pH4.8，糖酸比17.1。

叶片 新梢 枝条 果实 挂果枝条

41—15

【资源来源】由广东省农业科学院蚕业与农产品加工研究所从广东桑杂交后代中选择单株定向培育而成，属广东桑种，现保存于广东省蚕桑种质资源库。

【枝叶特征与栽培特性】树形稍开展，枝条细而长，主枝发条数多，侧枝萌发力弱；皮色棕褐，节间直，平均节距4.9cm，五列叶序；皮孔小，较稀，圆形；冬芽卵圆形，棕褐色，大小中等，腹离，副芽数量少；枝条根源体平，芽褥状态微凸，叶痕三角形。幼叶花色苷显色无，顶端叶着生姿态平伸，叶柄着生姿态上举；植株叶片形状全叶，叶面平展，叶长心形，深绿色，叶尖长尾状，叶缘细圆齿，叶基深心形，平均叶长16.8cm，叶幅13.0cm；叶面光滑，光泽性中等，叶面缩皱程度弱，叶柄细长，平均4.2cm。广东省广州市白云区栽培，桑果始熟期3月上中旬，易受微型虫危害，开花期遇雨水多的年份易感菌核病，耐寒性较弱。

【花果性状】广州市栽培米条总芽数21～28个，平均24.5个；米条坐果芽数21～31个，平均25.5个；坐果率91%～148%，平均105.1%；米条坐果粒数125～215粒，平均157.2粒；单芽坐果数5～9粒，平均6.4粒。桑果中圆筒形，果形好，平均长径3.9cm，横径1.6cm，单果重3.9g，果柄长度1.4cm。鲜果紫黑色，酸甜可口，风味好，平均可溶性固形物4.7%，酸度4.2g/L，pH4.6，糖酸比11.1。

叶片　新梢　枝条

果实　挂果枝条

42—3

【资源来源】由广东省农业科学院蚕业与农产品加工研究所从广东桑杂交后代中选择单株定向培育而成，属广东桑种，现保存于广东省蚕桑种质资源库。

【枝叶特征与栽培特性】树形稍开展，枝条粗而直，主枝发条数多，侧枝萌发力中等；皮色赤褐，节间直，平均节距5.8cm，八列叶序；皮孔大，密，圆形；冬芽长三角形，紫褐色，大，尖离，副芽数量较少；枝条根源体平，芽褥状态微凸，叶痕三角形。幼叶花色苷显色弱，顶端叶着生姿态下垂，叶柄着生姿态上举；植株叶片形状全叶，叶面平展，叶长心形，深绿色，叶尖长尾状，叶缘细圆齿，叶基浅心形，平均叶长28.8cm，叶幅22.4cm；叶面光滑，光泽性强，叶面缩皱程度弱，叶柄细长，平均6.7cm。广东省广州市白云区栽培，桑果始熟期3月上中旬，易受微型虫危害，开花期遇雨水多的年份易感菌核病，耐寒性较弱。

【花果性状】广州市栽培米条总芽数25 ~ 32个，平均29.3个；米条坐果芽数19 ~ 31个，平均26.2个；坐果率70% ~ 100%，平均88.2%；米条坐果粒数58 ~ 113粒，平均80.8粒；单芽坐果数2 ~ 3粒，平均2.7粒。桑果长圆筒形，果形好，平均长径4.3cm，横径1.5cm，单果重4.9g，果柄长度1.3cm。鲜果紫黑色，酸甜可口，风味好，平均可溶性固形物10.7%，酸度3.5g/L，pH4.8，糖酸比31.0。

44—2

【资源来源】由广东省农业科学院蚕业与农产品加工研究所从广东桑杂交后代中选择单株定向培育而成，属广东桑种，现保存于广东省蚕桑种质资源库。

【枝叶特征与栽培特性】树形稍开展，枝条粗度中等而长，主枝发条数多，侧枝萌发力弱；皮色青褐，节间直，平均节距5.2cm，八列叶序；皮孔大，较稀，椭圆形；冬芽长三角形，棕褐色，大，尖离，副芽无；枝条根源体平，芽褥状态微凸，叶痕半圆形。幼叶花色苷显色无，顶端叶着生姿态平伸，叶柄着生姿态上举；植株叶片形状全叶，叶面内卷，叶心形，深绿色，叶尖长尾状，叶缘细锯齿，叶基肾形，平均叶长20.9cm，叶幅17.9cm；叶面光滑，光泽性强，叶面缩皱程度中弱，叶柄细长，平均7.2cm。广东省广州市白云区栽培，桑果始熟期3月上中旬，易受微型虫危害，开花期遇雨水多的年份易感菌核病，耐寒性较弱。

【花果性状】广州市栽培米条总芽数22 ~ 29个，平均26.8个；米条坐果芽数18 ~ 28个，平均23.3个；坐果率67% ~ 100%，平均87.0%；米条坐果粒数6 ~ 107粒，平均71.5粒；单芽坐果数1 ~ 4粒，平均2.7粒。桑果长圆筒形，平均长径4.8cm，横径1.7cm，单果重5.2g，果柄长度1.2cm。鲜果紫黑色，酸甜可口，风味好，平均可溶性固形物7.9%，酸度5.5g/L，pH4.1，糖酸比14.4。

叶片　新梢　枝条
果实　挂果枝条

44–3

【资源来源】由广东省农业科学院蚕业与农产品加工研究所从广东桑杂交后代中选择单株定向培育而成，属广东桑种，现保存于广东省蚕桑种质资源库。

【枝叶特征与栽培特性】树形稍开展，枝条细而长，主枝发条数多，侧枝萌发力弱；皮色青褐，节间直，平均节距6.0cm，五列叶序；皮孔大小中等，密，圆形；冬芽长三角形，黄褐色，大小中等，尖离，副芽无；枝条根源体平，芽褥状态平，叶痕三角形。幼叶花色苷显色无，顶端叶着生姿态斜上，叶柄着生姿态上举；植株叶片形状全叶、裂叶混生，叶面内卷，全叶心形，深绿色，叶尖长尾状，叶缘细锯齿，叶基肾形，平均叶长22.3cm，叶幅20.5cm；叶面光滑，光泽性强，叶面缩皱程度弱，叶柄细长，平均5.7cm。广东省广州市白云区栽培，桑果始熟期3月上中旬，易受微型虫危害，开花期遇雨水多的年份易感菌核病，耐寒性较弱。

【花果性状】广州市栽培米条总芽数16 ~ 25个，平均20.2个；米条坐果芽数5 ~ 12个，平均9.2个；坐果率31% ~ 55%，平均45%；米条坐果粒数11 ~ 39粒，平均26.5粒；单芽坐果数1 ~ 2粒，平均1.3粒。桑果长圆筒形，果形好，平均长径4.6cm，横径1.8cm，单果重6.3g，果柄长度0.8cm。鲜果紫黑色，酸甜可口，风味好，平均可溶性固形物7.2%，酸度3.7g/L，pH4.5，糖酸比19.4。

46—2

【资源来源】由广东省农业科学院蚕业与农产品加工研究所从广东桑杂交后代中选择单株定向培育而成，属广东桑种，现保存于广东省蚕桑种质资源库。

【枝叶特征与栽培特性】树形稍开展，枝条粗度中等而长，主枝发条数少，侧枝萌发力弱；皮色棕褐，节间直，平均节距4.9cm，五列叶序；皮孔大小中等，密，圆形；冬芽长三角形，棕褐色，大小中等，尖离，副芽数量少；枝条根源体平，芽褥状态微凸，叶痕半圆形。幼叶花色苷显色无，顶端叶着生姿态平伸，叶柄着生姿态上举；植株叶片形状全叶，叶面平展，叶长心形，深绿色，叶尖长尾状，叶缘细锯齿，叶基浅心形，平均叶长19.7cm，叶幅15.8cm；叶面光滑，光泽性强，叶面缩皱程度弱，叶柄细长，平均4.5cm。广东省广州市白云区栽培，桑果始熟期3月上中旬，易受微型虫危害，开花期遇雨水多的年份易感菌核病，耐寒性较弱。

【花果性状】广州市栽培米条总芽数24～31个，平均27.7个；米条坐果芽数10～25个，平均19.5个；坐果率34%～89%，平均70.6%；米条坐果粒数16～102粒，平均68.5粒；单芽坐果数1～4粒，平均2.5粒。桑果中圆筒形，果形好，平均长径3.6cm，横径1.6cm，单果重6.0g，果柄长度1.0cm。鲜果紫黑色，酸甜可口，风味好，平均可溶性固形物6.7%，酸度2.3g/L，pH4.9，糖酸比29.1。

叶片　新梢　枝条　果实　挂果枝条

46-4

【资源来源】由广东省农业科学院蚕业与农产品加工研究所从广东桑杂交后代中选择单株定向培育而成，属广东桑种，现保存于广东省蚕桑种质资源库。

【枝叶特征与栽培特性】树形稍开展，枝条粗度中等而长，主枝发条数少，侧枝萌发力弱；皮色棕褐，节间直，平均节距5.0cm，五列叶序；皮孔大小中等，较密，圆形；冬芽长三角形，棕褐色，大，腹离，副芽无；枝条根源体平，芽褥状态平，叶痕圆形。幼叶花色苷显色无，顶端叶着生姿态平伸，叶柄着生姿态上举；植株叶片形状全叶，叶面平展，叶心形，深绿色，叶尖长尾状，叶缘粗圆齿，叶基浅心形，平均叶长27.6cm，叶幅23.6cm；叶面光滑，光泽性强，叶面缩皱程度弱，叶柄细长，平均5.9cm。广东省广州市白云区栽培，桑果始熟期3月上中旬，易受微型虫危害，开花期遇雨水多的年份易感菌核病，耐寒性较弱。

【花果性状】广州市栽培米条总芽数21～38个，平均29.3个；米条坐果芽数14～29个，平均20.5个；坐果率53%～112%，平均71%；米条坐果粒数30～64粒，平均44.5粒；单芽坐果数1～2粒，平均1.6粒。桑果长圆筒形，果形好，平均长径4.6cm，横径2.0cm，单果重7.9g，果柄长度1.0cm。鲜果紫黑色，酸甜可口，风味好，平均可溶性固形物7.7%，酸度6.5g/L，pH3.9，糖酸比11.8。

叶片　新梢　枝条

果实　挂果枝条

46—18

【资源来源】由广东省农业科学院蚕业与农产品加工研究所从广东桑杂交后代中选择单株定向培育而成，属广东桑种，现保存于广东省蚕桑种质资源库。

【枝叶特征与栽培特性】树形稍开展，枝条细而长，主枝发条数多，侧枝萌发力弱；皮色青褐，节间直，平均节距6.1cm，五列叶序；皮孔小，密，圆形；冬芽长三角形，棕褐色，大小中等，腹离，副芽数量少；枝条根源体平，芽褥状态微凸，叶痕圆形。幼叶花色苷显色弱，顶端叶着生姿态平伸，叶柄着生姿态上举；植株叶片形状全叶，叶面平展，叶卵形，深绿色，叶尖长尾状，叶缘细圆齿，叶基截形，平均叶长19.2cm，叶幅13.7cm；叶面光滑，光泽性弱，叶面缩皱程度中弱，叶柄细长，平均4.2cm。广东省广州市白云区栽培，桑果始熟期3月上中旬，易受微型虫危害，开花期遇雨水多的年份易感菌核病，耐寒性较弱。

【花果性状】广州市栽培米条总芽数15～21个，平均18.7个；米条坐果芽数12～19个，平均16.2个；坐果率79%～95%，平均86.4%；米条坐果粒数28～66粒，平均41.5粒；单芽坐果数2～3粒，平均2.2粒。桑果中圆筒形，果形好，平均长径3.8cm，横径1.8cm，单果重5.8g，果柄长度1.0cm。鲜果紫黑色，酸甜可口，风味好，平均可溶性固形物6.1%，酸度4.0g/L，pH4.3，糖酸比15.4。

46-21

【资源来源】由广东省农业科学院蚕业与农产品加工研究所从广东桑杂交后代中选择单株定向培育而成，属广东桑种，现保存于广东省蚕桑种质资源库。

【枝叶特征与栽培特性】树形稍开展，枝条粗度中等而长，主枝发条数少，侧枝萌发力弱；皮色棕褐，节间直，平均节距4.9cm，五列叶序；皮孔大，稀，圆形；冬芽长三角形，棕褐色，大，腹离，副芽数量少；枝条根源体微凸，芽褥状态平，叶痕三角形。幼叶花色苷显色中等，顶端叶着生姿态平伸，叶柄着生姿态上举；植株叶片形状全叶，叶面平展，叶心形，中绿色，叶尖短尾状，叶缘粗锯齿，叶基肾形，平均叶长21.5cm，叶幅19.6cm；叶面光滑，光泽性中等，叶面缩皱程度中弱，叶柄细长，平均3.7cm。广东省广州市白云区栽培，桑果始熟期3月上中旬，易受微型虫危害，开花期遇雨水多的年份易感菌核病，耐寒性较弱。

【花果性状】广州市栽培米条总芽数22～30个，平均26.7个；米条坐果芽数9～21个，平均16.5个；坐果率32%～81%，平均62%；米条坐果粒数15～68粒，平均43.7；单芽坐果数1～3粒，平均1.6粒。桑果长圆筒形，果形好，平均长径4.0cm，横径1.7cm，单果重5.1g，果柄长度1.5cm。鲜果紫黑色，酸甜可口，风味好，平均可溶性固形物12.5%，酸度3.3g/L，pH4.5，糖酸比37.6。

4n抗10

【资源来源】 由广东省农业科学院蚕业与农产品加工研究所从广东桑杂交后代中选择单株定向培育而成，属广东桑种，现保存于广东省蚕桑种质资源库。

【枝叶特征与栽培特性】 树形稍开展，枝条细而长，主枝发条数多，侧枝萌发力弱；皮色棕褐，节间直，平均节距6.4cm，五列叶序；皮孔大小中等，较密，椭圆形；冬芽长三角形，棕褐色，大，斜生，副芽无；枝条根源体平，芽褥状态平，叶痕圆形。幼叶花色苷显色弱，顶端叶着生姿态平伸，叶柄着生姿态上举；植株叶片形状全叶，叶面平展，叶心形，深绿色，叶尖短尾状，叶缘细锯齿，叶基肾形，平均叶长21.7cm，叶幅15.1cm；叶面光滑，光泽性强，叶面缩皱程度弱，叶柄细长，平均4.2cm。广东省广州市白云区栽培，桑果始熟期3月上中旬，易受微型虫危害，开花期遇雨水多的年份易感菌核病，耐寒性较弱。

【花果性状】 广州市栽培米条总芽数20 ~ 27个，平均24.0个；米条坐果芽数13 ~ 29个，平均17.8个；坐果率62% ~ 82%，平均75%；米条坐果粒数16 ~ 43粒，平均26.0粒；单芽坐果数1 ~ 2粒，平均1.1粒。桑果短圆筒形，果形好，平均长径2.7cm，横径1.8cm，单果重3.9g，果柄长度1.6cm。鲜果紫黑色，酸甜可口，风味好，平均可溶性固形物9.1%，酸度4.5g/L，pH4.2，糖酸比20.3。

叶片

新梢

枝条

果实

挂果枝条

97–9

【资源来源】由广东省农业科学院蚕业与农产品加工研究所从广东桑杂交后代中选择单株定向培育而成，属广东桑种，现保存于广东省蚕桑种质资源库。

【枝叶特征与栽培特性】树形稍开展，枝条细而长，主枝发条数少，侧枝萌发力中等；皮色黄褐，节间直，平均节距3.8cm，五列叶序；皮孔大，较稀，椭圆形；冬芽卵圆形，赤褐色，大，腹离，副芽数量少；枝条根源体平，芽褥状态平，叶痕半圆形。幼叶花色苷显色弱，顶端叶着生姿态平伸，叶柄着生姿态上举；植株叶片形状全叶，叶面平展，叶心形，深绿色，叶尖长尾状，叶缘粗锯齿，叶基浅心形，平均叶长18.1cm，叶幅13.1cm；叶面光滑，光泽性强，叶面缩皱程度弱，叶柄细长，平均5.2cm。广东省广州市白云区栽培，桑果始熟期3月上中旬，易受微型虫危害，开花期遇雨水多的年份易感菌核病，耐寒性较弱。

【花果性状】广州市栽培米条总芽数24 ~ 33个，平均29.8个；米条坐果芽数13 ~ 27个，平均19.0个；坐果率45% ~ 93%，平均64%；米条坐果粒数42 ~ 62粒，平均50.3粒；单芽坐果数1 ~ 2粒，平均1.7粒。桑果中圆筒形，果形好，平均长径3.6cm，横径1.5cm，单果重3.8g，果柄长度1.0cm。鲜果紫黑色，酸甜可口，风味好，平均可溶性固形物10.4%，酸度3.8g/L，pH4.5，糖酸比27.1。

叶片

新梢

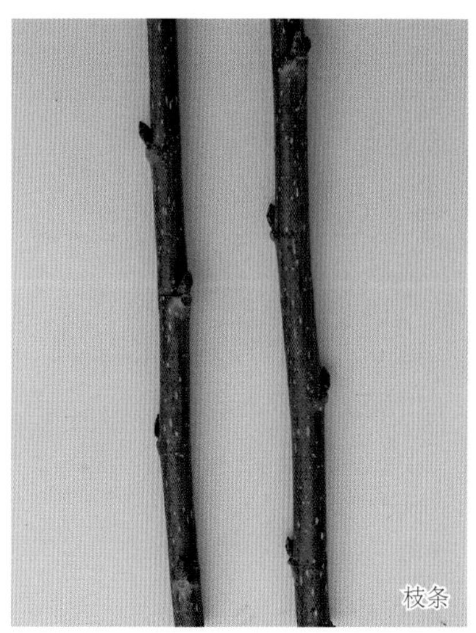
枝条

果实

挂果枝条

97—45

【资源来源】由广东省农业科学院蚕业与农产品加工研究所从广东桑杂交后代中选择单株定向培育而成，属广东桑种，现保存于广东省蚕桑种质资源库。

【枝叶特征与栽培特性】树形稍开展，枝条粗而长，主枝发条数多，侧枝萌发力中等；皮色青褐，节间直，平均节距5.8cm，五列叶序；皮孔大，较稀，椭圆形；冬芽长三角形，棕褐色，大，尖离，副芽数量少；枝条根源体平，芽褥状态平，叶痕三角形。幼叶花色苷显色无，顶端叶着生姿态平伸，叶柄着生姿态上举；植株叶片形状全叶、裂叶混生，叶面平展，全叶心形，深绿色，叶尖长尾状，叶缘粗圆齿，叶基浅心形，平均叶长21.8cm，叶幅18.5cm；叶面光滑，光泽性强，叶面缩皱程度弱，叶柄细长，平均5.7cm。广东省广州市白云区栽培，桑果始熟期3月上中旬，易受微型虫危害，开花期遇雨水多的年份易感菌核病，耐寒性较弱。

【花果性状】广州市栽培米条总芽数22～32个，平均26.0个；米条坐果芽数16～32个，平均21.8个；坐果率72%～100%，平均83%；米条坐果粒数63～94粒，平均77.5粒；单芽坐果数2～4粒，平均3.0粒。桑果长圆筒形，果形好，平均长径4.4cm，横径1.5cm，单果重4.9g，果柄长度1.5cm。鲜果紫黑色，酸甜可口，风味好，平均可溶性固形物10.4%，酸度3.6g/L，pH4.5，糖酸比29.0。

叶片　新梢　枝条　果实　挂果枝条

97–53

【资源来源】由广东省农业科学院蚕业与农产品加工研究所从广东桑杂交后代中选择单株定向培育而成，属广东桑种，现保存于广东省蚕桑种质资源库。

【枝叶特征与栽培特性】树形稍开展，枝条细而长，主枝发条数多，侧枝萌发力弱；皮色青褐，节间直，平均节距5.5cm，三列叶序；皮孔大小中等，较稀，椭圆形；冬芽长三角形，赤褐色，大小中等，贴生，副芽数量较少；枝条根源体微凸，芽褥状态平，叶痕三角形。幼叶花色苷显色弱，顶端叶着生姿态平伸，叶柄着生姿态上举；植株叶片形状全叶、裂叶混生，叶面平展，全叶心形，深绿色，叶尖长尾状，叶缘细圆齿，叶基浅心形，平均叶长17.5cm，叶幅14.3cm；叶面光滑，光泽性中等，叶面缩皱程度中等，叶柄细长，平均3.7cm。广东省广州市白云区栽培，桑果始熟期3月上旬，易受微型虫危害，开花期遇雨水多的年份易感菌核病，耐寒性较弱。

【花果性状】广州市栽培米条总芽数18 ~ 32个，平均24.0个；米条坐果芽数18 ~ 29个，平均21.3个；坐果率75% ~ 100%，平均88.9%；米条坐果粒数78 ~ 132粒，平均85.0粒；单芽坐果数1 ~ 5粒，平均3.5粒。桑横径圆筒形，果形好，平均长径4.2cm，横径1.3cm，单果重3.9g，果柄长度1.6cm。鲜果紫黑色，酸甜可口，风味好，平均可溶性固形物10.6%，酸度3.1g/L，pH4.7，糖酸比34.5。

叶片

新梢

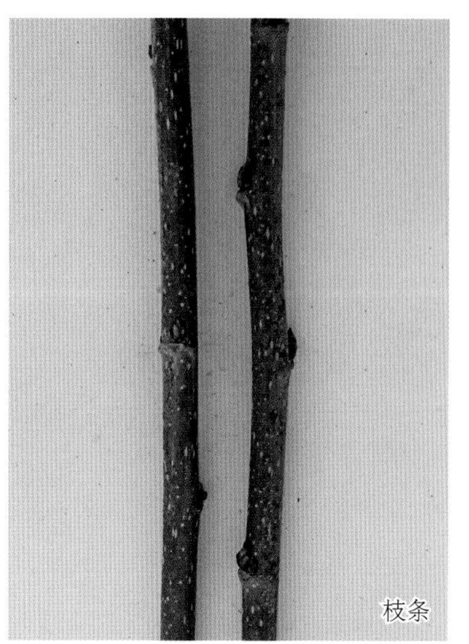
枝条

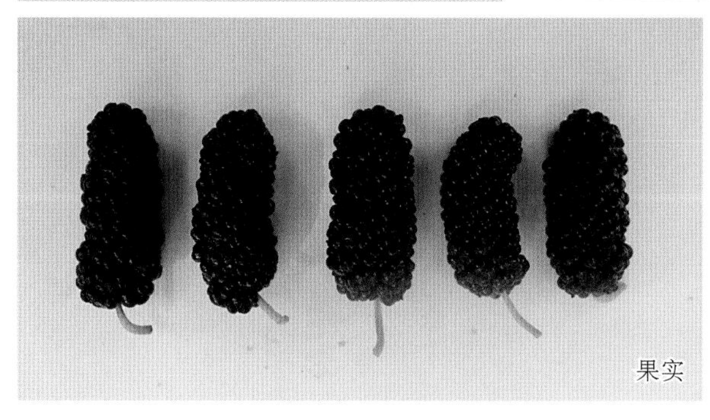
果实

挂果枝条

97–68

【资源来源】由广东省农业科学院蚕业与农产品加工研究所从广东桑杂交后代中选择单株定向培育而成，属广东桑种，现保存于广东省蚕桑种质资源库。

【枝叶特征与栽培特性】树形稍开展，枝条细而长，主枝发条数多，侧枝萌发力弱；皮色青褐，节间直，平均节距6.1cm，八列叶序；皮孔大小中等，较稀，圆形；冬芽长三角形，黄褐色，大，尖离，副芽数量少；枝条根源体平，芽褥状态平，叶痕三角形。幼叶花色苷显色无，顶端叶着生姿态平伸，叶柄着生姿态上举；植株叶片形状全叶、裂叶混生，叶面平展，全叶心形，中绿色，叶尖长尾状，叶缘粗锯齿，叶基浅心形，平均叶长23.5cm，叶幅20.8cm；叶面光滑，光泽性强，叶面缩皱程度弱，叶柄细长，平均5.3cm。广东省广州市白云区栽培，桑果始熟期3月上中旬，易受微型虫危害，开花期遇雨水多的年份易感菌核病，耐寒性较弱。

【花果性状】广州市栽培米条总芽数23 ~ 29个，平均25.3个；米条坐果芽数14 ~ 21个，平均17.7个；坐果率61% ~ 75%，平均70%；米条坐果粒数40 ~ 72粒，平均58.3粒；单芽坐果数2 ~ 3粒，平均2.3粒。桑果短圆筒形，果形好，平均长径3.2cm，横径1.5cm，单果重2.8g，果柄长度0.9cm。鲜果紫黑色，酸甜可口，风味好，平均可溶性固形物9.7%，酸度3.9g/L，pH4.3，糖酸比25.3。

叶片　新梢　枝条

果实　挂果枝条

97–69

【资源来源】由广东省农业科学院蚕业与农产品加工研究所从广东桑杂交后代中选择单株定向培育而创制，属广东桑种，现保存于广东省蚕桑种质资源库。

【枝叶特征与栽培特性】树形稍开展，枝条细而长，主枝发条数多，侧枝萌发力弱；皮色青褐，节间直，平均节距7.8cm，八列叶序；皮孔大小中等，较密，圆形；冬芽长三角形，黄褐色，大，斜生，副芽无；枝条根源体凸，芽褥状态平，叶痕三角形。幼叶花色苷显色无，顶端叶着生姿态平伸，叶柄着生姿态上举；植株叶片形状全叶、裂叶混生，叶面平展，全叶心形，中绿色，叶尖长尾状，叶缘粗锯齿，叶基深心形，平均叶长21.7cm，叶幅20.5cm；叶面光滑，光泽性中等，叶面缩皱程度弱，叶柄细长，平均5.5cm。广东省广州市白云区栽培，桑果始熟期3月上中旬，易受微型虫危害，开花期遇雨水多的年份易感菌核病，耐寒性较弱。

【花果性状】广州市栽培米条总芽数17 ~ 23个，平均19.8个；米条坐果芽数11 ~ 18个，平均13.7个；坐果率68% ~ 90%，平均79%；米条坐果粒数18 ~ 63粒，平均35.7粒；单芽坐果数1 ~ 3粒，平均1.8粒。桑果中圆筒形，果形好，平均长径3.6cm，横径1.6cm，单果重3.9g，果柄长度1.0cm。鲜果紫黑色，酸甜可口，风味好，平均可溶性固形物10.9%，酸度4.5g/L，pH4.2，糖酸比24.3。

叶片　新梢　枝条　果实　挂果枝条

97—102

【资源来源】由广东省农业科学院蚕业与农产品加工研究所从广东桑杂交后代中选择单株定向培育而成，属广东桑种，现保存于广东省蚕桑种质资源库。

【枝叶特征与栽培特性】树形稍开展，枝条粗而长，主枝发条数多，侧枝萌发力弱；皮色黄褐，节间直，平均节距4.9cm，五列叶序；皮孔大小中等，较密，圆形；冬芽正三角形，棕褐色，大小中等，尖离，副芽数量少；枝条根源体平，芽褥状态微凸，叶痕圆形。幼叶花色苷显色弱，顶端叶着生姿态平伸，叶柄着生姿态上举；植株叶片形状全叶、裂叶混生，叶面平展，全叶心形，深绿色，叶尖长尾状，叶缘粗锯齿，叶基深心形，平均叶长27.0cm，叶幅24.7cm；叶面光滑，光泽性强，叶面缩皱程度弱，叶柄细长，平均6.2cm。广东省广州市白云区栽培，桑果始熟期3月上中旬，易受微型虫危害，开花期遇雨水多的年份易感菌核病，耐寒性较弱。

【花果性状】广州市栽培米条总芽数24 ~ 33个，平均28.3个；米条坐果芽数22 ~ 30个，平均26.2个；坐果率79% ~ 100%，平均93%；米条坐果粒数75 ~ 123粒，平均103.3粒；单芽坐果数3 ~ 4粒，平均3.7粒。桑果长圆筒形，果形好，平均长径4.0cm，横径1.4cm，单果重3.5g，果柄长度1.3cm。鲜果紫黑色，酸甜可口，风味好，平均可溶性固形物10.3%，酸度4.4g/L，pH4.3，糖酸比23.7。

叶片　新梢　枝条　果实　挂果枝条

97—103

【资源来源】由广东省农业科学院蚕业与农产品加工研究所从广东桑杂交后代中选择单株定向培育而成，属广东桑种，现保存于广东省蚕桑种质资源库。

【枝叶特征与栽培特性】树形稍开展，枝条粗而长，主枝发条数多，侧枝萌发力弱；皮色黄褐，节间直，平均节距5.0cm，八列叶序；皮孔大，较稀，圆形；冬芽正三角形，棕褐色，大，尖离，副芽数量少；枝条根源体平，芽褥状态微凸，叶痕圆形。幼叶花色苷显色弱，顶端叶着生姿态平伸，叶柄着生姿态上举；植株叶片形状全叶、裂叶混生，叶面平展，全叶心形，深绿色，叶尖长尾状，叶缘粗圆齿，叶基浅心形，平均叶长23.2cm，叶幅20.1cm；叶面光滑，光泽性强，叶面缩皱程度弱，叶柄细长，平均5.3cm。广东省广州市白云区栽培，桑果始熟期3月上中旬，易受微型虫危害，开花期遇雨水多的年份易感菌核病，耐寒性较弱。

【花果性状】广州市栽培米条总芽数24 ～ 29个，平均26.5个；米条坐果芽数24 ～ 26个，平均25.0个；坐果率86% ～ 100%，平均95%；米条坐果粒数97 ～ 121粒，平均112.3粒；单芽坐果数3 ～ 5粒，平均4.3粒。桑果长圆筒形，果形好，平均长径4.0cm，横径1.5cm，单果重4.0g，果柄长度1.4cm。鲜果紫黑色，酸甜可口，风味好，平均可溶性固形物9.6%，酸度6.0g/L，pH3.9，糖酸比16.0。

叶片

新梢

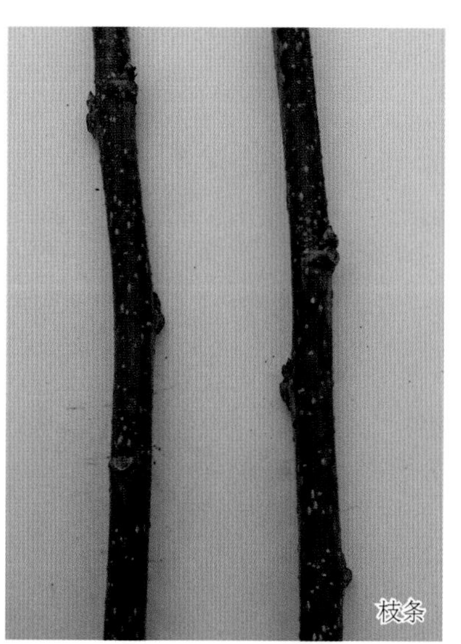
枝条

果实

挂果枝条

97—139

【资源来源】由广东省农业科学院蚕业与农产品加工研究所从广东桑杂交后代中选择单株定向培育而成，属广东桑种，现保存于广东省蚕桑种质资源库。

【枝叶特征与栽培特性】树形稍开展，枝条细而长，主枝发条数多，侧枝萌发力弱；皮色赤褐，节间直，平均节距4.6cm，八列叶序；皮孔小，稀，圆形；冬芽长三角形，棕褐色，大，腹离，副芽数量较少；枝条根源体平，芽褥状态平，叶痕三角形。幼叶花色苷显色无，顶端叶着生姿态平伸，叶柄着生姿态上举；植株叶片形状全叶，叶面平展，叶长心形，中绿色，叶尖长尾状，叶缘粗圆齿，叶基浅心形，平均叶长16.5cm，叶幅13.4cm；叶面光滑，光泽性中等，叶面缩皱程度弱，叶柄细长，平均3.4cm。广东省广州市白云区栽培，桑果始熟期3月上中旬，易受微型虫危害，开花期遇雨水多的年份易感菌核病，耐寒性较弱。

【花果性状】广州市栽培米条总芽数25～31个，平均28.7个；米条坐果芽数21～30个，平均27.2个；坐果率84%～100%，平均95%；米条坐果粒数124～205粒，平均163.7粒；单芽坐果数5～6粒，平均5.7粒。桑果中圆筒形，果形好，平均长径3.7cm，横径1.5cm，单果重3.7g，果柄长度0.8cm。鲜果紫黑色，酸甜可口，风味好，平均可溶性固形物5.3%，酸度4.2g/L，pH4.2，糖酸比12.5。

叶片　新梢　枝条

果实　挂果枝条

97—191

【资源来源】由广东省农业科学院蚕业与农产品加工研究所从广东桑杂交后代中选择单株定向培育而成，属广东桑种，现保存于广东省蚕桑种质资源库。

【枝叶特征与栽培特性】树形稍开展，枝条细而长，主枝发条数多，侧枝萌发力弱；皮色黄褐，节间直，平均节距6.1cm，五列叶序；皮孔大小中等，较密，圆形；冬芽长三角形，棕褐色，大，腹离，副芽数量少；枝条根源体平，芽褥状态平，叶痕三角形。幼叶花色苷显色无，顶端叶着生姿态平伸，叶柄着生姿态上举；植株叶片形状全叶、裂叶混生，叶面平展，全叶心形，深绿色，叶尖长尾状，叶缘粗锯齿，叶基浅心形，平均叶长23.9cm，叶幅20.4cm；叶面光滑，光泽性中等，叶面缩皱程度弱，叶柄细长，平均5.7cm。广东省广州市白云区栽培，桑果始熟期3月上中旬，易受微型虫危害，开花期遇雨水多的年份易感菌核病，耐寒性较弱。

【花果性状】广州市栽培米条总芽数23～26个，平均24.3个；米条坐果芽数18～22个，平均20.2个；坐果率76%～92%，平均82.9%；米条坐果粒数46～65粒，平均55.5粒；单芽坐果数2～3粒，平均2.3粒。桑果中圆筒形，果形好，平均长径3.8cm，横径1.6cm，单果重4.5g，果柄长度1.1cm。鲜果紫黑色，酸甜可口，风味好，平均可溶性固形物9.7%，酸度2.7g/L，pH4.4，糖酸比36.1。

叶片　新梢　枝条　果实　挂果枝条

98—1

【资源来源】由广东省农业科学院蚕业与农产品加工研究所从广东桑杂交后代中选择单株定向培育而成，属广东桑种，现保存于广东省蚕桑种质资源库。

【枝叶特征与栽培特性】树形稍开展，枝条细而长，主枝发条数多，侧枝萌发力弱；皮色棕褐，节间直，平均节距7.6cm，絮乱叶序；皮孔大小中等，较稀，椭圆形；冬芽长三角形，棕褐色，大，斜生，副芽无；枝条根源体微凸，芽褥状态微凸，叶痕圆形。幼叶花色苷显色无，顶端叶着生姿态平伸，叶柄着生姿态上举；植株叶片形状全叶，叶面内卷，叶心形，深绿色，叶尖长尾状，叶缘粗圆齿，叶基浅心形，平均叶长19.6cm，叶幅17.2cm；叶面光滑，光泽性强，叶面缩皱程度弱，叶柄细长，平均5.1cm。广东省广州市白云区栽培，桑果始熟期3月上中旬，易受微型虫危害，开花期遇雨水多的年份易感菌核病，耐寒性较弱。

【花果性状】广州市栽培米条总芽数15 ~ 19个，平均17.3个；米条坐果芽数10 ~ 15个，平均12.3个；坐果率53% ~ 83%，平均71%；米条坐果粒数49 ~ 67粒，平均58.8粒；单芽坐果数3 ~ 4粒，平均3.4粒。桑果中圆筒形，果形好，平均长径3.6cm，横径1.5cm，单果重3.8g，果柄长度1.1cm。鲜果紫黑色，酸甜可口，风味好，平均可溶性固形物14.2%，酸度2.3g/L，pH4.9，糖酸比61.6。

叶片 新梢 枝条

果实 挂果枝条

98—3

【资源来源】由广东省农业科学院蚕业与农产品加工研究所从广东桑杂交后代中选择单株定向培育而成，属广东桑种，现保存于广东省蚕桑种质资源库。

【枝叶特征与栽培特性】树形稍开展，枝条细而长，主枝发条数多，侧枝萌发力弱；皮色棕褐，节间直，平均节距4.5cm，五列叶序；皮孔小，较密，圆形；冬芽长三角形，棕褐色，大，腹离，副芽数量少；枝条根源体平，芽褥状态平，叶痕三角形。幼叶花色苷显色无，顶端叶着生姿态平伸，叶柄着生姿态上举；植株叶片形状全叶，叶面平展，叶长心形，中绿色，叶尖短尾状，叶缘细圆齿，叶基深心形，平均叶长19.4cm，叶幅15.4cm；叶面光滑，光泽性强，叶面缩皱程度弱，叶柄细长，平均4.7cm。广东省广州市白云区栽培，桑果始熟期3月上中旬，易受微型虫危害，开花期遇雨水多的年份易感菌核病，耐寒性较弱。

【花果性状】广州市栽培米条总芽数29 ~ 32个，平均30.3个；米条坐果芽数12 ~ 23个，平均17.3个；坐果率41% ~ 79%，平均57%；米条坐果粒数49 ~ 90粒，平均65.3粒；单芽坐果数1 ~ 3粒，平均2.2粒。桑果中圆筒形，果形好，平均长径3.7cm，横径1.5cm，单果重3.8g，果柄长度0.5cm。鲜果紫黑色，酸甜可口，风味好，平均可溶性固形物6.2%，酸度5.0g/L，pH4.2，糖酸比12.4。

叶片　新梢　枝条

果实　挂果枝条

98—5

【资源来源】由广东省农业科学院蚕业与农产品加工研究所从广东桑杂交后代中选择单株定向培育而成，属广东桑种，现保存于广东省蚕桑种质资源库。

【枝叶特征与栽培特性】树形稍开展，枝条细而长，主枝发条数多，侧枝萌发力弱；皮色赤褐，节间直，平均节距6.4cm，二列叶序；皮孔大，较稀，椭圆形；冬芽长三角形，赤褐色，大，斜生，副芽数量少；枝条根源体平，芽褥状态微凸，叶痕三角形。幼叶花色苷显色无，顶端叶着生姿态平伸，叶柄着生姿态上举；植株叶片形状全叶，叶面平展，叶心形，深绿色，叶尖长尾状，叶缘粗圆齿，叶基浅心形，平均叶长20.6cm，叶幅18.8cm；叶面光滑，光泽性中等，叶面缩皱程度弱，叶柄细长，平均4.7cm。广东省广州市白云区栽培，桑果始熟期3月上中旬，易受微型虫危害，开花期遇雨水多的年份易感菌核病，耐寒性较弱。

【花果性状】广州市栽培米条总芽数16～24个，平均20.2个；米条坐果芽数13～22个，平均16.2个；坐果率68%～92%，平均80%；米条坐果粒数59～97粒，平均78.2粒；单芽坐果数3～5粒，平均3.9粒。桑果长圆筒形，果形好，平均长径4.4cm，横径1.6cm，单果重5.1g，果柄长度1.2cm。鲜果紫黑色，酸甜可口，风味好，平均可溶性固形物6.4%，酸度7.6g/L，pH3.8，糖酸比8.5。

叶片

新梢

枝条

果实

挂果枝条

98–6

【资源来源】由广东省农业科学院蚕业与农产品加工研究所从广东桑杂交后代中选择单株定向培育而成，属广东桑种，现保存于广东省蚕桑种质资源库。

【枝叶特征与栽培特性】树形稍开展，枝条粗度中等而长，主枝发条数多，侧枝萌发力中等；皮色棕褐，节间直，平均节距4.9cm，五列叶序；皮孔大小中等，密，圆形；冬芽长三角形，棕褐色，大小中等，腹离，副芽数量较少；枝条根源体平，芽褥状态平，叶痕圆形。幼叶花色苷显色无，顶端叶着生姿态平伸，叶柄着生姿态上举；植株叶片形状全叶，叶面平展，叶心形，深绿色，叶尖长尾状，叶缘粗圆齿，叶基浅心形，平均叶长21.2cm，叶幅18.4cm；叶面光滑，光泽性中等，叶面缩皱程度弱，叶柄细长，平均5.5cm。广东省广州市白云区栽培，桑果始熟期3月上中旬，易受微型虫危害，开花期遇雨水多的年份易感菌核病，耐寒性较弱。

【花果性状】广州市栽培米条总芽数20 ~ 27个，平均23.8个；米条坐果芽数19 ~ 24个，平均20.7；坐果率81% ~ 95%，平均87.1%；米条坐果粒数100 ~ 124粒，平均111.8粒；单芽坐果数4 ~ 6粒，平均4.8粒。桑果中圆筒形，果形好，平均长径4.0cm，横径1.5cm，单果重4.4g，果柄长度1.7cm。鲜果紫黑色，酸甜可口，风味好，平均可溶性固形物7.3%，酸度7.2g/L，pH4.1，糖酸比10.2。

叶片　新梢　枝条　果实　挂果枝条

98–9

【资源来源】由广东省农业科学院蚕业与农产品加工研究所从广东桑杂交后代中选择单株定向培育而成，属广东桑种，现保存于广东省蚕桑种质资源库。

【枝叶特征与栽培特性】树形稍开展，枝条粗而长，主枝发条数多，侧枝萌发力中等；皮色棕褐，节间直，平均节距4.5cm，八列叶序；皮孔大，较稀，圆形；冬芽长三角形，棕褐色，大小中等，腹离，副芽数量少；枝条根源体平，芽褥状态平，叶痕半圆形。幼叶花色苷显色中等，顶端叶着生姿态平伸，叶柄着生姿态上举；植株叶片形状全叶、裂叶混生，叶面平展，全叶心形，深绿色，叶尖长尾状，叶缘细锯齿，叶基深心形，平均叶长23.0cm，叶幅19.4cm；叶面光滑，光泽性强，叶面缩皱程度弱，叶柄细长，平均5.6cm。广东省广州市白云区栽培，桑果始熟期3月上中旬，易受微型虫危害，开花期遇雨水多的年份易感菌核病，耐寒性较弱。

【花果性状】广州市栽培米条总芽数25 ~ 32个，平均27.2个；米条坐果芽数8 ~ 22个，平均13.5个；坐果率29% ~ 85%，平均50%；米条坐果粒数15 ~ 53粒，平均28.2粒；单芽坐果数1 ~ 2粒，平均1.2粒。桑果中圆筒形，果形好，平均长径3.9cm，横径1.6cm，单果重3.8g，果柄长度1.1cm。鲜果紫黑色，酸甜可口，风味好，平均可溶性固形物11.1%，酸度3.8g/L，pH4.6，糖酸比28.9。

叶片　新梢　枝条

果实　挂果枝条

98—12

【资源来源】由广东省农业科学院蚕业与农产品加工研究所从广东桑杂交后代中选择单株定向培育而创制，属广东桑种，现保存于广东省蚕桑种质资源库。

【枝叶特征与栽培特性】树形稍开展，枝条粗度中等而长，主枝发条数少，侧枝萌发力弱；皮色黄褐，节间直，平均节距5.8cm，五列叶序；皮孔大，稀，圆形；冬芽长三角形，棕褐色，大，腹离，副芽无；枝条根源体平，芽褥状态平，叶痕圆形。幼叶花色苷显色弱，顶端叶着生姿态平伸，叶柄着生姿态上举；植株叶片形状全叶，叶面平展，叶长心形，深绿色，叶尖长尾状，叶缘细圆齿，叶基截形，平均叶长24.4cm，叶幅20.1cm；叶面光滑，光泽性强，叶面缩皱程度弱，叶柄细长，平均6.3cm。广东省广州市白云区栽培，桑果始熟期3月上中旬，易受微型虫危害，开花期遇雨水多的年份易感菌核病，耐寒性较弱。

【花果性状】广州市栽培米条总芽数20 ~ 23个，平均21.8个；米条坐果芽数9 ~ 16个，平均12.8个；坐果率41% ~ 73%，平均59%；米条坐果粒数33 ~ 53粒，平均43.3粒；单芽坐果数1 ~ 2粒，平均2.0粒。桑果长圆筒形，果形好，平均长径4.7cm，横径1.8cm，单果重7.3g，果柄长度1.3cm。鲜果紫黑色，风味酸甜，平均可溶性固形物8.2%，酸度5.5g/L，pH4.0，糖酸比14.9。

LK3

【资源来源】由广东省农业科学院蚕业与农产品加工研究所从广东桑杂交后代中选择单株定向培育而成，属广东桑种，现保存于广东省蚕桑种质资源库。

【枝叶特征与栽培特性】树形稍开展，枝条粗度中等而直，主枝发条数多，侧枝萌发力中等；皮色棕褐，节间直，平均节距4.6cm，五列叶序；皮孔大小中等，稀，圆形；冬芽长三角形，棕褐色，大小中等，腹离，副芽数量少；枝条根源体平，芽褥状态微凸，叶痕半圆形。幼叶花色苷显色无，顶端叶着生姿态平伸，叶柄着生姿态上举；植株叶片形状全叶，叶面平展，叶长心形，中绿色，叶尖长尾状，叶缘粗锯齿，叶基浅心形，平均叶长21.4cm，叶幅14.7cm；叶面光滑，光泽性中等，叶面缩皱程度弱，叶柄细长，平均5.2cm。广东省广州市白云区栽培，桑果始熟期3月上中旬，易受微型虫危害，开花期遇雨水多的年份易感菌核病，耐寒性较弱。

【花果性状】广州市栽培米条总芽数20～35个，平均29.2个；米条坐果芽数13～24个，平均19.3个；坐果率57%～73%，平均66%；米条坐果粒数60～128粒，平均94.0粒；单芽坐果数3～5粒，平均3.3粒。桑果中圆筒形，果形好，平均长径3.5cm，横径1.5cm，单果重3.4g，果柄长度0.9cm。鲜果紫黑色，风味甜酸，平均可溶性固形物5.6%，酸度7.4g/L，pH3.5，糖酸比7.5。

叶片 新梢 枝条

果实 挂果枝条

LK5

【资源来源】由广东省农业科学院蚕业与农产品加工研究所从广东桑杂交后代中选择单株定向培育而成，属广东桑种，现保存于广东省蚕桑种质资源库。

【枝叶特征与栽培特性】树形稍开展，枝条粗而长，主枝发条数少，侧枝萌发力中等；皮色青褐，节间直，平均节距5.1cm，五列叶序；皮孔大，较密，圆形；冬芽长三角形，赤褐色，大，尖离，副芽数量较少；枝条根源体平，芽褥状态微凸，叶痕半圆形。幼叶花色苷显色中等，顶端叶着生姿态平伸，叶柄着生姿态上举；植株叶片形状全叶，叶面平展，叶长心形，深绿色，叶尖短尾状，叶缘粗锯齿，叶基深心形，平均叶长30.0cm，叶幅23.0cm；叶面光滑，光泽性中等，叶面缩皱程度弱，叶柄细长，平均5.7cm。广东省广州市白云区栽培，桑果始熟期3月上中旬，易受微型虫危害，开花期遇雨水多的年份易感菌核病，耐寒性较弱。

【花果性状】广州市栽培米条总芽数22～32个，平均28.7个；米条坐果芽数18～27个，平均24.0个；坐果率76%～90%，平均84%；米条坐果粒数40～124粒，平均77.2粒；单芽坐果数1～4粒，平均2.8粒。桑果长圆筒形，果形好，平均长径4.3cm，横径1.6cm，单果重5.5g，果柄长度1.6cm。鲜果紫黑色，酸甜可口，风味好，平均可溶性固形物6.0%，酸度2.9g/L，pH4.5，糖酸比20.4。

叶片　新梢　枝条

果实　挂果枝条

北–1–7

【资源来源】由广东省农业科学院蚕业与农产品加工研究所从广东桑杂交后代中选择单株定向培育而成，属广东桑种，现保存于广东省蚕桑种质资源库。

【枝叶特征与栽培特性】树形稍开展，枝条粗度中等而长，主枝发条数少，侧枝萌发力中等；皮色赤褐，节间曲，平均节距5.6cm，五列叶序；皮孔大小中等，较稀，椭圆形；冬芽长三角形，赤褐色，大小中等，尖离，副芽数量较多；枝条根源体平，芽褥状态微凸，叶痕半圆形。幼叶花色苷显色强，顶端叶着生姿态下垂，叶柄着生姿态上举；植株叶片形状全叶，叶面平展，叶长心形，深绿色，叶尖长尾状，叶缘细圆齿，叶基浅心形，平均叶长30.8cm，叶幅21.3cm；叶面光滑，光泽性强，叶面缩皱程度弱，叶柄细长，平均4.6cm。广东省广州市白云区栽培，桑果始熟期3月上旬，易受微型虫危害，开花期遇雨水多的年份易感菌核病，耐寒性较弱。

【花果性状】广州市栽培米条总芽数20 ~ 32个，平均26.7个；米条坐果芽数17 ~ 32个，平均24.7个；坐果率85% ~ 100%，平均92.5%；米条坐果粒数30 ~ 93粒，平均58.8粒；单芽坐果数1 ~ 3粒，平均2.2粒。桑果中圆筒形，果形好，平均长径3.5cm，横径1.4cm，单果重4.5g，果柄长度1.2cm。鲜果紫黑色，酸甜可口，风味好，平均可溶性固形物9.4%，酸度4.2g/L，pH4.1，糖酸比22.4。

叶片

新梢

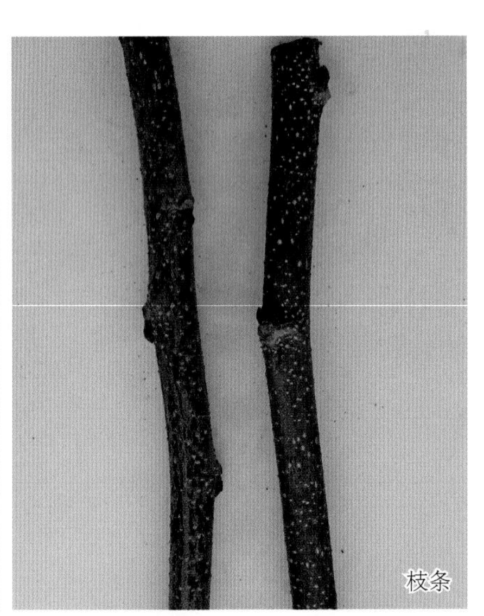
枝条

果实

挂果枝条

北-2-12

【资源来源】由广东省农业科学院蚕业与农产品加工研究所从广东桑杂交后代中选择单株定向培育而成，属广东桑种，现保存于广东省蚕桑种质资源库。

【枝叶特征与栽培特性】树形稍开展，枝条粗度中等而长，主枝发条数少，侧枝萌发力弱；皮色棕褐，节间曲，平均节距5.0cm，五列叶序；皮孔小，较密，圆形；冬芽长三角形，赤褐色，大小中等，尖离，副芽数量较少；枝条根源体平，芽褥状态凸，叶痕半圆形。幼叶花色苷显色无，顶端叶着生姿态平伸，叶柄着生姿态上举；植株叶片形状全叶，叶面平展，叶长心形，深绿色，叶尖长尾状，叶缘细圆齿，叶基深心形，平均叶长22.6cm，叶幅17.4cm；叶面光滑，光泽性强，叶面缩皱程度弱，叶柄细长，平均4.2cm。广东省广州市白云区栽培，桑果始熟期3月上中旬，易受微型虫危害，开花期遇雨水多的年份易感菌核病，耐寒性较弱。

【花果性状】广州市栽培米条总芽数22 ~ 31个，平均26.8个；米条坐果芽数15 ~ 29个，平均21.0个；坐果率52% ~ 100%，平均78.3%；米条坐果粒数56 ~ 126粒，平均84.2粒；单芽坐果数3 ~ 4粒，平均3.1粒。桑果中圆筒形，果形好，平均长径3.8cm，横径1.7cm，单果重6.2g，果柄长度0.9cm。鲜果紫黑色，酸甜可口，风味好，平均可溶性固形物8.7%，酸度4.2g/L，pH4.1，糖酸比20.6。

叶片

新梢

枝条

果实

挂果枝条

果选04-7

【资源来源】由广东省农业科学院蚕业与农产品加工研究所从广东桑杂交后代中选择单株定向培育而成，属广东桑种，现保存于广东省蚕桑种质资源库。

【枝叶特征与栽培特性】树形稍开展，枝条细而长，主枝发条数多，侧枝萌发力弱；皮色紫褐，节间直，平均节距6.2cm，五列叶序；皮孔大小中等，较稀，圆形；冬芽长三角形，棕褐色，小，尖离，副芽数量多；枝条根源体微凸，芽褥状态微凸，叶痕三角形。幼叶花色苷显色无，顶端叶着生姿态平伸，叶柄着生姿态上举；植株叶片形状全叶，叶面平展，叶长心形，深绿色，叶尖长尾状，叶缘粗圆齿，叶基肾形，平均叶长24.3cm，叶幅19.5cm；叶面粗糙，光泽性强，叶面缩皱程度弱，叶柄细长，平均5.5cm。广东省广州市白云区栽培，桑果始熟期3月中旬，易受微型虫危害，开花期遇雨水多的年份易感菌核病，耐寒性较弱。

【花果性状】广州市栽培米条总芽数19 ~ 24个，平均21.7个；米条坐果芽数19 ~ 23个，平均20.8个；坐果率91% ~ 100%，平均96%；米条坐果粒数103 ~ 169粒，平均125粒；单芽坐果数4 ~ 7粒，平均5.8粒。桑果中圆筒形，果形好，平均长径3.5cm，横径1.3cm，单果重3.0g，果柄长度1.2cm。鲜果紫黑色，酸甜可口，风味好，平均可溶性固形物7.5%，酸度3.1g/L，pH4.8，糖酸比24.4。

叶片

新梢

枝条

果实

挂果枝条

果选04-8

【资源来源】 由广东省农业科学院蚕业与农产品加工研究所从广东桑杂交后代中选择单株定向培育而成，属广东桑种，现保存于广东省蚕桑种质资源库。

【枝叶特征与栽培特性】 树形稍开展，枝条粗度中等而长，主枝发条数少，侧枝萌发力弱；皮色黄褐，节间直，平均节距5.1cm，五列叶序；皮孔小，较稀，圆形；冬芽卵圆形，紫褐色，大小中等，斜生，副芽数量少；枝条根源体平，芽褥状态微凸，叶痕三角形。幼叶花色苷无显色，顶端叶着生姿态平伸，叶柄着生姿态上举；植株叶片形状全叶，叶面扭曲，叶长心形，深绿色，叶尖短尾状，叶缘细圆齿，叶基深心形，平均叶长21.5cm，叶幅18.3cm；叶面粗糙，光泽性强，叶面缩皱程度弱，叶柄细长，平均6.8cm。广东省广州市白云区栽培，桑果始熟期3月上中旬，易受微型虫危害，开花期遇雨水多的年份易感菌核病，耐寒性较弱。

【花果性状】 广州市栽培米条总芽数26 ~ 31个，平均29.0个；米条坐果芽数25 ~ 31个，平均28.7个；坐果率96% ~ 100%，平均99%；米条坐果粒数177 ~ 265粒，平均229.2粒；单芽坐果数7 ~ 9粒，平均7.9粒。桑果长圆筒形，果形好，平均长径4.3cm，横径1.6cm，单果重7.1g，果柄长度1.3cm。鲜果紫黑色，酸甜可口，风味好，平均可溶性固形物6.8%，酸度5.6g/L，pH4.0，糖酸比12.1。

叶片

新梢

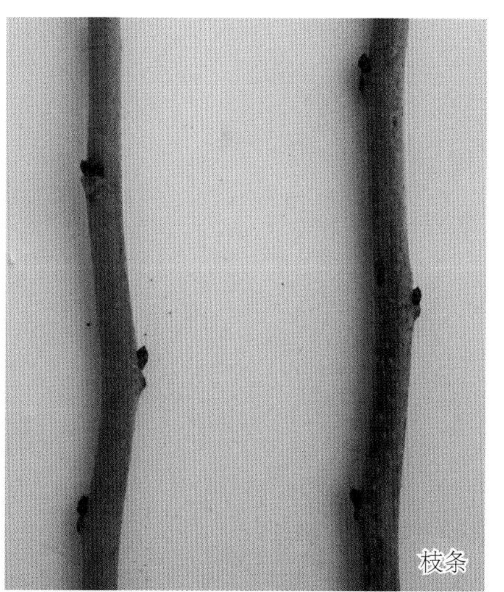
枝条

果实

挂果枝条

果选04—11

【资源来源】由广东省农业科学院蚕业与农产品加工研究所从广东桑杂交后代中选择单株定向培育而成，属广东桑种，现保存于广东省蚕桑种质资源库。

【枝叶特征与栽培特性】树形稍开展，枝条细而长，主枝发条数多，侧枝萌发力弱；皮色棕褐，节间直，平均节距5.0cm，八列叶序；皮孔大小中等，稀，圆形；冬芽长三角形，赤褐色，大，腹离，副芽数量较少；枝条根源体平，芽褥状态微凸，叶痕半圆形。幼叶花色苷显色中等，顶端叶着生姿态平伸，叶柄着生姿态上举；植株叶片形状全叶，叶面平展，叶长心形，深绿色，叶尖短尾状，叶缘粗锯齿，叶基深心形，平均叶长21.8cm，叶幅17.6cm；叶面较粗糙，光泽性中等，叶面缩皱程度弱，叶柄细长，平均5.6cm。广东省广州市白云区栽培，桑果始熟期3月中旬，易受微型虫危害，开花期遇雨水多的年份易感菌核病，耐寒性较弱。

【花果性状】广州市栽培米条总芽数24～30个，平均26.2个；米条坐果芽数24～28个，平均25.0个；坐果率92%～100%，平均96%；米条坐果粒数124～155粒，平均137.7粒；单芽坐果数5～6粒，平均5.3粒。桑果长圆筒形，果形好，平均长径4.2cm，横径1.6cm，单果重7.8g，果柄长度1.3cm。鲜果紫黑色，酸甜可口，风味好，平均可溶性固形物9.1%，酸度6.5g/L，pH4.0，糖酸比13.9。

叶片

新梢

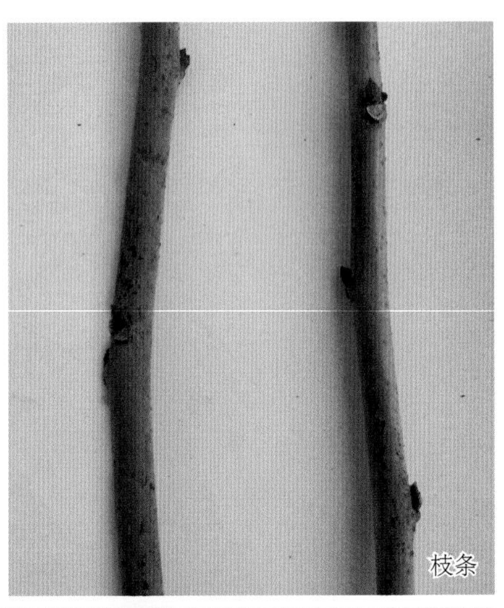
枝条

果实

挂果枝条

果选04—12

【资源来源】由广东省农业科学院蚕业与农产品加工研究所从广东桑杂交后代中选择单株定向培育而成，属广东桑种，现保存于广东省蚕桑种质资源库。

【枝叶特征与栽培特性】树形稍开展，枝条细而长，主枝发条数多，侧枝萌发力弱；皮色青褐，节间直，平均节距5.0cm，五列叶序；皮孔大小中等，稀，圆形；冬芽长三角形，赤褐色，大，斜生，副芽无；枝条根源体微凸，芽褥状态平，叶痕三角形。幼叶花色苷显色弱，顶端叶着生姿态平伸，叶柄着生姿态上举；植株叶片形状全叶，叶面平展，叶长心形，深绿色，叶尖长尾状，叶缘粗锯齿，叶基浅心形，平均叶长23.4cm，叶幅17.2cm；叶面较粗糙，光泽性中等，叶面缩皱程度弱，叶柄细长，平均5.4cm。广东省广州市白云区栽培，桑果始熟期3月中旬，易受微型虫危害，开花期遇雨水多的年份易感菌核病，耐寒性较弱。

【花果性状】广州市栽培米条总芽数20～21个，平均20.8个；米条坐果芽数19～21个，平均20.2个；坐果率90%～100%，平均97%；米条坐果粒数58～95粒，平均73.7粒；单芽坐果数3～5粒，平均3.5粒。桑果长圆筒形，平均长径5.2cm，横径1.5cm，单果重8.3g，果柄长度1.3cm。鲜果紫黑色，酸甜可口，风味好，平均可溶性固形物5.6%，酸度6.4g/L，pH4.0，糖酸比8.8。

叶片

新梢

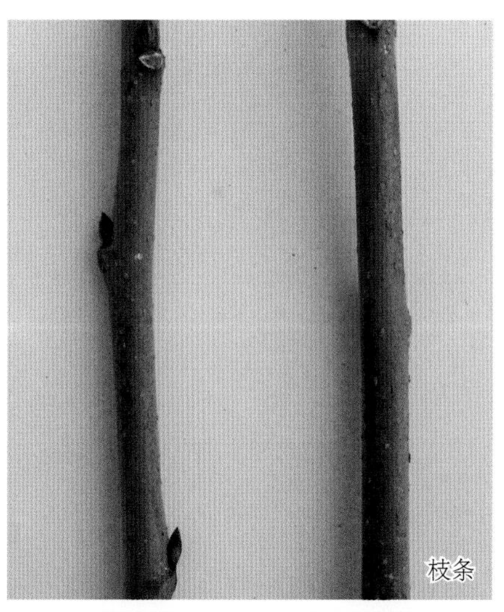
枝条

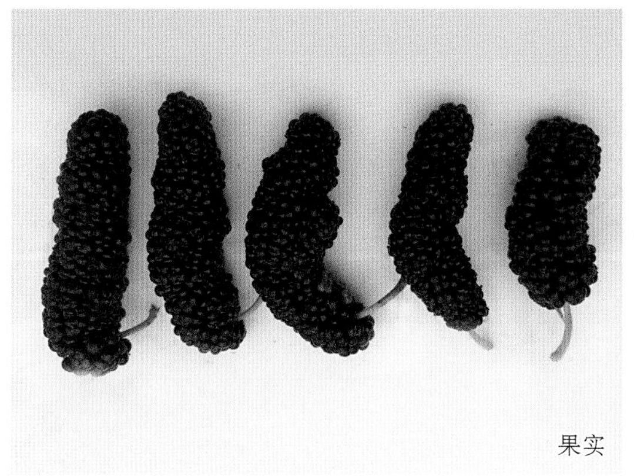
果实

挂果枝条

果选04—13

【资源来源】由广东省农业科学院蚕业与农产品加工研究所从广东桑杂交后代中选择单株定向培育而成，属广东桑种，现保存于广东省蚕桑种质资源库。

【枝叶特征与栽培特性】树形稍开展，枝条细而长，主枝发条数少，侧枝萌发力弱；皮色赤褐，节间直，平均节距5.3cm，五列叶序；皮孔大小中等，密，圆形；冬芽长三角形，赤褐色，大，腹离，副芽数量较少；枝条根源体平，芽褥状态平，叶痕三角形。幼叶花色苷显色无，顶端叶着生姿态平伸，叶柄着生姿态上举；植株叶片形状全叶，叶面平展，叶长心形，深绿色，叶尖长尾状，叶缘细圆齿，叶基浅心形，平均叶长23.8cm，叶幅17.1cm；叶面较粗糙，光泽性强，叶面缩皱程度弱，叶柄细长，平均3.6cm。广东省广州市白云区栽培，桑果始熟期3月上中旬，易受微型虫危害，开花期遇雨水多的年份易感菌核病，耐寒性较弱。

【花果性状】广州市栽培米条总芽数24～27个，平均25.3个；米条坐果芽数24～26个，平均25.2个；坐果率96%～100%，平均99%；米条坐果粒数128～163粒，平均146.2粒；单芽坐果数5～6粒，平均5.8粒。桑果长圆筒形，果形好，平均长径4.3cm，横径1.5cm，单果重6.2g，果柄长度1.5cm。鲜果紫黑色，酸甜可口，风味好，平均可溶性固形物7.5%，酸度2.4g/L，pH4.1，糖酸比30.8。

叶片

新梢

枝条

果实

挂果枝条

果选04—14

【资源来源】由广东省农业科学院蚕业与农产品加工研究所从广东桑杂交后代中选择单株定向培育而成，属广东桑种，现保存于广东省蚕桑种质资源库。

【枝叶特征与栽培特性】树形稍开展，枝条粗度中等而长，主枝发条数少，侧枝萌发力弱；皮色黄褐，节间直，平均节距6.3cm，紊乱叶序；皮孔大小中等，密，圆形；冬芽长三角形，赤褐色，大，尖离，副芽数量较少；枝条根源体平，芽褥状态平，叶痕半圆形。幼叶花色苷显色无，顶端叶着生姿态平伸，叶柄着生姿态上举；植株叶片形状全叶，叶面平展，叶长心形，中绿色，叶尖短尾状，叶缘粗圆齿，叶基浅心形，平均叶长27.6cm，叶幅20.2cm；叶面较粗糙，光泽性中等，叶面缩皱程度弱，叶柄细长，平均4.8cm。广东省广州市白云区栽培，桑果始熟期3月中旬，易受微型虫危害，开花期遇雨水多的年份易感菌核病，耐寒性较弱。

【花果性状】广州市栽培米条总芽数22～30个，平均25.7个；米条坐果芽数22～29个，平均25.5；坐果率97%～100%，平均99%；米条坐果粒数151～185粒，平均164.7粒；单芽坐果数6～7粒，平均6.4粒。桑果中圆筒形，果形好，平均长径3.7cm，横径1.7cm，单果重7.7g，果柄长度1.5cm。鲜果紫黑色，酸甜可口，风味好，平均可溶性固形物8.4%，酸度6.7g/L，pH4.8，糖酸比12.6。

叶片

新梢

枝条

果实

挂果枝条

果选04—15

【资源来源】由广东省农业科学院蚕业与农产品加工研究所从广东桑杂交后代中选择单株定向培育而成，属广东桑种，现保存于广东省蚕桑种质资源库。

【枝叶特征与栽培特性】树形稍开展，枝条粗度中等而长，主枝发条数多，侧枝萌发力弱；皮色灰褐，节间直，平均节距6.0cm，五列叶序；皮孔大小中等，较稀，圆形；冬芽长三角形，紫褐色，大小中等，尖离，副芽数量较少；枝条根源体平，芽褥状态平，叶痕圆形。幼叶花色苷显色弱，顶端叶着生姿态下垂，叶柄着生姿态上举；植株叶片形状全叶，叶面平展，叶心形，深绿色，叶尖长尾状，叶缘粗锯齿，叶基深心形，平均叶长23.4cm，叶幅19.6cm；叶面较粗糙，光泽性中等，叶面缩皱程度弱，叶柄细长，平均4.9cm。广东省广州市白云区栽培，桑果始熟期3月上中旬，易受微型虫危害，开花期遇雨水多的年份易感菌核病，耐寒性较弱。

【花果性状】广州市栽培米条总芽数20 ~ 24个，平均22.7个；米条坐果芽数17 ~ 23个，平均21.3个；坐果率71% ~ 100%，平均94%；米条坐果粒数67 ~ 114粒，平均94.5粒；单芽坐果数3 ~ 5粒，平均4.2粒。桑果长圆筒形，果形好，平均长径5.2cm，横径1.8cm，单果重9.5g，果柄长度1.4cm。鲜果紫黑色，酸甜可口，风味好，平均可溶性固形物7.2%，酸度5.5g/L，pH4.1，糖酸比13.1。

叶片

新梢

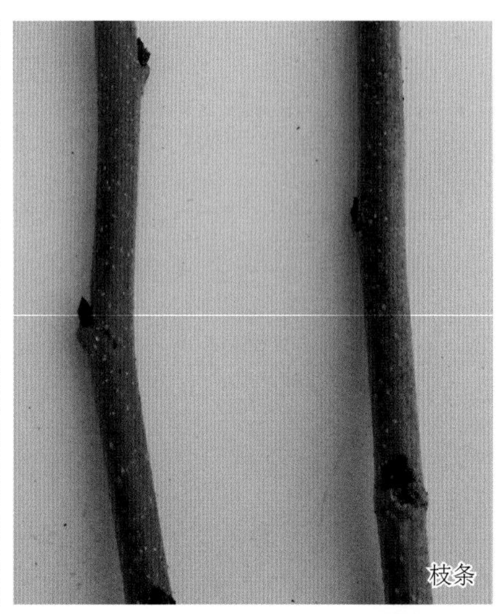
枝条

果实

挂果枝条

果选04—18

【资源来源】由广东省农业科学院蚕业与农产品加工研究所从广东桑杂交后代中选择单株定向培育而成，属广东桑种，现保存于广东省蚕桑种质资源库。

【枝叶特征与栽培特性】树形稍开展，枝条细而长，主枝发条数多，侧枝萌发力弱；皮色青褐，节间直，平均节距4.9cm，八列叶序；皮孔小，密，圆形；冬芽长三角形，紫褐色，大，斜生，副芽数量少；枝条根源体平，芽褥状态平，叶痕三角形。幼叶花色苷显色弱，顶端叶着生姿态平伸，叶柄着生姿态上举；植株叶片形状全叶，叶面平展，叶长心形，深绿色，叶尖长尾状，叶缘粗圆齿，叶基浅心形，平均叶长26.2cm，叶幅20.4cm；叶面较粗糙，光泽性中等，叶面缩皱程度中强，叶柄细长，平均4.2cm。广东省广州市白云区栽培，桑果始熟期3月上中旬，易受微型虫危害，开花期遇雨水多的年份易感菌核病，耐寒性较弱。

【花果性状】广州市栽培米条总芽数22 ~ 25个，平均23.8个；米条坐果芽数21 ~ 25个，平均23.3个；坐果率92% ~ 100%，平均98%；米条坐果粒数127 ~ 179粒，平均157.2粒；单芽坐果数6 ~ 8粒，平均6.6粒。桑果畸形，平均长径4.7cm，横径1.9cm，单果重6.0g，果柄长度1.3cm。鲜果紫黑色，酸甜可口，风味好，平均可溶性固形物6.6%，酸度4.0g/L，pH4.4，糖酸比16.6。

叶片

新梢

枝条

果实

挂果枝条

果选04—22

【资源来源】由广东省农业科学院蚕业与农产品加工研究所从广东桑杂交后代中选择单株定向培育而成，属广东桑种，现保存于广东省蚕桑种质资源库。

【枝叶特征与栽培特性】树形稍开展，枝条细而长，主枝发条数少，侧枝萌发力弱；皮色棕褐，节间直，平均节距5.9cm，五列叶序；皮孔大小中等，较稀，圆形；冬芽正三角形，赤褐色，大小中等，腹离，副芽数量较少；枝条根源体微凸，芽褥状态微凸，叶痕圆形。幼叶花色苷显色弱，顶端叶着生姿态平伸，叶柄着生姿态上举；植株叶片形状全叶，叶面平展，叶长心形，深绿色，叶尖钝头状，叶缘粗锯齿，叶基浅心形，平均叶长23.9cm，叶幅22.9cm；叶面光滑，光泽性强，叶面缩皱程度弱，叶柄细长，平均5.5cm。广东省广州市白云区栽培，桑果始熟期3月上中旬，易受微型虫危害，开花期遇雨水多的年份易感菌核病，耐寒性较弱。

【花果性状】广州市栽培米条总芽数19～21个，平均20.0个；米条坐果芽数19～21个，平均19.8个；坐果率95%～100%，平均99%；米条坐果粒数87～111粒，平均100.5粒；单芽坐果数5～6粒，平均5.0粒。桑果长圆筒形，果形好，平均长径4.2cm，横径1.4cm，单果重5.8g，果柄长度1.4cm。鲜果紫黑色，酸甜可口，风味好，平均可溶性固形物11.7%，酸度3.1g/L，pH4.5，糖酸比38.1。

叶片

新梢

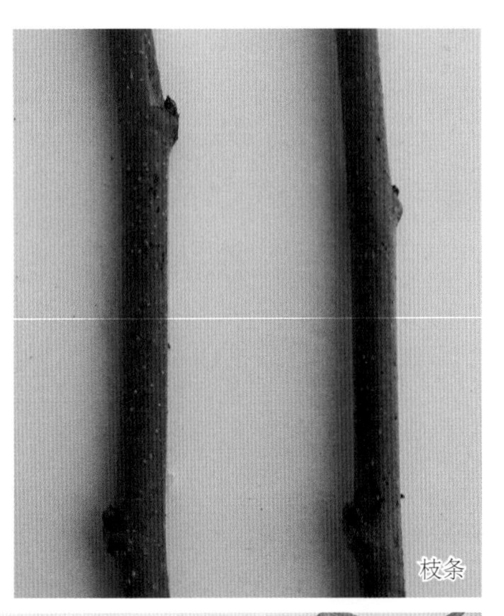
枝条

果实

挂果枝条

果选04—24

【资源来源】由广东省农业科学院蚕业与农产品加工研究所从广东桑杂交后代中选择单株定向培育而成，属广东桑种，现保存于广东省蚕桑种质资源库。

【枝叶特征与栽培特性】树形稍开展，枝条细而长，主枝发条数少，侧枝萌发力弱；皮色青褐，节间直，平均节距5.6cm，八列叶序；皮孔大小中等，较稀，圆形；冬芽长三角形，黄褐色，大，腹离，副芽数量较多；枝条根源体凸，芽褥状态微凸，叶痕三角形。幼叶花色苷显色弱，顶端叶着生姿态平伸，叶柄着生姿态上举；植株叶片形状全叶，叶面扭曲，叶长心形，深绿色，叶尖长尾状，叶缘细圆齿，叶基浅心形，平均叶长22.2cm，叶幅17.4cm；叶面较光滑，光泽性中等，叶面缩皱程度弱，叶柄细长，平均5.6cm。广东省广州市白云区栽培，桑果始熟期3月上中旬，易受微型虫危害，开花期遇雨水多的年份易感菌核病，耐寒性较弱。

【花果性状】广州市栽培米条总芽数18～21个，平均19.2个；米条坐果芽数16～21个，平均18.7个；坐果率89%～100%，平均97%；米条坐果粒数174～342粒，平均219.3粒；单芽坐果数10～18粒，平均11.4粒。桑果长圆筒形，果形好，平均长径4.2cm，横径1.7cm，单果重6.2g，果柄长度1.1cm。鲜果紫黑色，酸甜可口，风味好，平均可溶性固形物8.2%，酸度3.7g/L，pH4.5，糖酸比22.1。

叶片

新梢

枝条

果实

挂果枝条

果选04—25

【资源来源】由广东省农业科学院蚕业与农产品加工研究所从广东桑杂交后代中选择单株定向培育而成，属广东桑种，现保存于广东省蚕桑种质资源库。

【枝叶特征与栽培特性】树形稍开展，枝条粗度中等而长，主枝发条数多，侧枝萌发力弱；皮色青褐，节间直，平均节距7.5cm，五列叶序；皮孔大，较稀，椭圆形；冬芽长三角形，棕褐色，大，腹离，副芽数量较多；枝条根源体平，芽褥状态平，叶痕三角形。幼叶花色苷显色无，顶端叶着生姿态平伸，叶柄着生姿态上举；植株叶片形状全叶，叶面平展，叶长心形，深绿色，叶尖双头状，叶缘粗圆齿，叶基截形，平均叶长31.9cm，叶幅25.4cm；叶面较粗糙，光泽性强，叶面缩皱程度弱，叶柄细长，平均5.3cm。广东省广州市白云区栽培，桑果始熟期3月上中旬，易受微型虫危害，开花期遇雨水多的年份易感菌核病，耐寒性较弱。

【花果性状】广州市栽培米条总芽数21～26个，平均22.5个；米条坐果芽数21～26个，平均22.5个；坐果率平均100%；米条坐果粒数117～141粒，平均129.5粒；单芽坐果数5～6粒，平均5.8粒。桑果短圆筒形，果形好，平均长径3.0cm，横径1.7cm，单果重4.2g，果柄长度1.8cm。鲜果紫黑色，酸甜可口，风味好，平均可溶性固形物5.8%，酸度2.7g/L，pH5.1，糖酸比21.6。

叶片

新梢

枝条

果实

挂果枝条

果选04—26

【资源来源】由广东省农业科学院蚕业与农产品加工研究所从广东桑杂交后代中选择单株定向培育而成，属广东桑种，现保存于广东省蚕桑种质资源库。

【枝叶特征与栽培特性】树形稍开展，枝条粗度中等而长，主枝发条数少，侧枝萌发力弱；皮色黄褐，节间直，平均节距6.0cm，五列叶序；皮孔大小中等，较稀，圆形；冬芽长三角形，赤褐色，小，腹离，副芽数量较少；枝条根源体平，芽褥状态微凸，叶痕圆形。幼叶花色苷显色无，顶端叶着生姿态平伸，叶柄着生姿态上举；植株叶片形状全叶，叶面平展，叶长心形，深绿色，叶尖短尾状，叶缘粗圆齿，叶基浅心形，平均叶长26.4cm，叶幅20.3cm；叶面较粗糙，光泽性强，叶面缩皱程度中弱，叶柄细长，平均4.4cm。广东省广州市白云区栽培，桑果始熟期3月上旬，易受微型虫危害，开花期遇雨水多的年份易感菌核病，耐寒性较弱。

【花果性状】广州市栽培米条总芽数20 ~ 27个，平均24.7个；米条坐果芽数17 ~ 26个，平均23.2个；坐果率85% ~ 100%，平均94%；米条坐果粒数121 ~ 188粒，平均155.8粒；单芽坐果数5 ~ 8粒，平均6.3粒。桑果长圆筒形，果形好，平均长径4.5cm，横径1.4cm，单果重5.4g，果柄长度1.3cm。鲜果紫黑色，酸甜可口，风味好，平均可溶性固形物4.9%，酸度3.3g/L，pH4.7，糖酸比14.7。

叶片

新梢

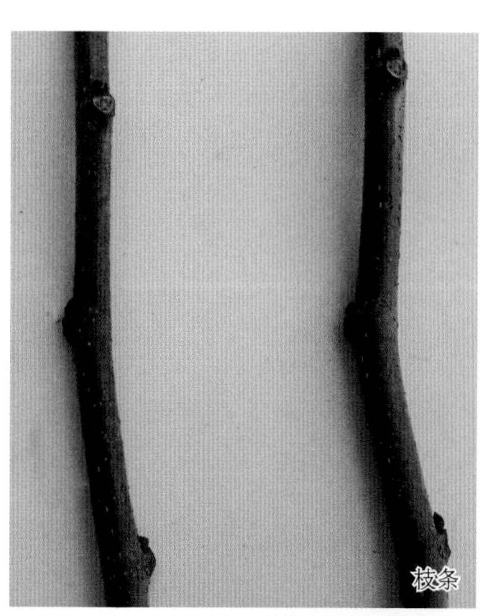
枝条

果实

挂果枝条

果选04—32

【资源来源】由广东省农业科学院蚕业与农产品加工研究所从广东桑杂交后代中选择单株定向培育而成，属广东桑种，现保存于广东省蚕桑种质资源库。

【枝叶特征与栽培特性】树形稍开展，枝条细而长，主枝发条数多，侧枝萌发力弱；皮色赤褐，节间直，平均节距5.7cm，八列叶序；皮孔大小中等，密，圆形；冬芽长三角形，赤褐色，大小中等，尖离，副芽数量少；枝条根源体平，芽褥状态微凸，叶痕圆形。幼叶花色苷显色中强，顶端叶着生姿态平伸，叶柄着生姿态上举；植株叶片形状全叶，叶面平展，叶长心形，深绿色，叶尖短尾状，叶缘细圆齿，叶基浅心形，平均叶长23.2cm，叶幅19.0cm；叶面较粗糙，光泽性强，叶面缩皱程度弱，叶柄细长，平均5.1cm。广东省广州市白云区栽培，桑果始熟期3月上旬，易受微型虫危害，开花期遇雨水多的年份易感菌核病，耐寒性较弱。

【花果性状】广州市栽培米条总芽数22 ~ 32个，平均27.2个；米条坐果芽数22 ~ 30个，平均26.7个；坐果率94% ~ 100%，平均98%；米条坐果粒数104 ~ 154粒，平均128.8粒；单芽坐果数4 ~ 5粒，平均4.8粒。桑果长圆筒形，果形好，平均长径4.9cm，横径1.5cm，单果重5.3g，果柄长度1.5cm。鲜果紫黑色，酸甜可口，风味好，平均可溶性固形物5.0%，酸度5.9g/L，pH4.4，糖酸比8.5。

叶片

新梢

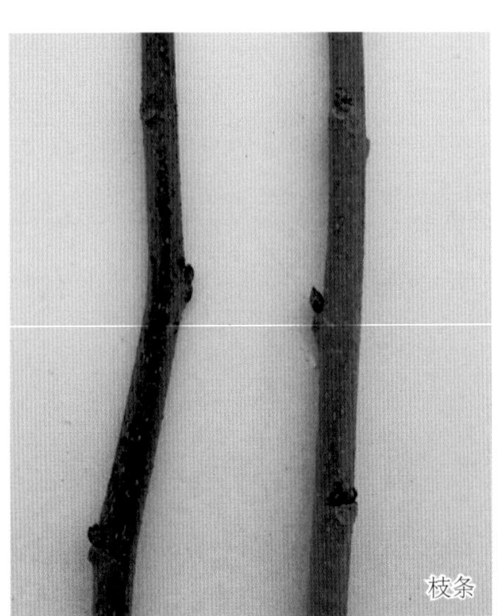
枝条

果实

挂果枝条

果选04—33

【资源来源】由广东省农业科学院蚕业与农产品加工研究所从广东桑杂交后代中选择单株定向培育而成，属广东桑种，现保存于广东省蚕桑种质资源库。

【枝叶特征与栽培特性】树形稍开展，枝条粗度中等而长，主枝发条数多，侧枝萌发力弱；皮色赤褐，节间直，平均节距5.4cm，五列叶序；皮孔大小中等，密，圆形；冬芽长三角形，赤褐色，大小中等，腹离，副芽数量较少；枝条根源体平，芽褥状态微凸，叶痕圆形。幼叶花色苷显色强，顶端叶着生姿态平伸，叶柄着生姿态上举；植株叶片形状全叶，叶面内卷，叶心形，深绿色，叶尖长尾状，叶缘细圆齿，叶基浅心形，平均叶长26.9cm，叶幅21.4cm；叶面光滑，光泽性强，叶面缩皱程度中弱，叶柄细长，平均5.8cm。广东省广州市白云区栽培，桑果始熟期3月上中旬，易受微型虫危害，开花期遇雨水多的年份易感菌核病，耐寒性较弱。

【花果性状】广州市栽培米条总芽数24 ~ 29个，平均26.8个；米条坐果芽数23 ~ 29个，平均26.5个；坐果率96% ~ 100%，平均99%；米条坐果粒数161 ~ 220粒，平均186.0粒；单芽坐果数6 ~ 8粒，平均6.9粒。桑果长圆筒形，果形好，平均长径4.2cm，横径1.5cm，单果重4.4g，果柄长度0.8cm。鲜果紫黑色，酸甜可口，风味好，平均可溶性固形物5.3%，酸度4.4g/L，pH4.2，糖酸比12.2。

叶片

新梢

枝条

果实

挂果枝条

果选04—34

【资源来源】由广东省农业科学院蚕业与农产品加工研究所从广东桑杂交后代中选择单株定向培育而成，属广东桑种，现保存于广东省蚕桑种质资源库。

【枝叶特征与栽培特性】树形稍开展，枝条细而长，主枝发条数多，侧枝萌发力弱；皮色棕褐，节间直，平均节距4.6cm，五列叶序；皮孔大小中等，较稀，圆形；冬芽卵圆形，赤褐色，大，尖离，副芽无；枝条根源体平，芽褥状态微凸，叶痕圆形。幼叶花色苷显色无，顶端叶着生姿态下垂，叶柄着生姿态上举；植株叶片形状全叶，叶面扭曲，叶心形，深绿色，叶尖长尾状，叶缘粗圆齿，叶基浅心形，平均叶长22.6cm，叶幅16.3cm；叶面光滑，光泽性中等，叶面缩皱程度中弱，叶柄细长，平均5.5cm。广东省广州市白云区栽培，桑果始熟期3月上旬，易受微型虫危害，开花期遇雨水多的年份易感菌核病，耐寒性较弱。

【花果性状】广州市栽培米条总芽数27～34个，平均29.7个；米条坐果芽数25～31个，平均27.7个；坐果率90%～100%，平均93%；米条坐果粒数99～126粒，平均113.3粒；单芽坐果数3～5粒，平均3.9粒。桑果长圆筒形，果形好，平均长径4.7cm，横径1.7cm，单果重7.5g，果柄长度1.0cm。鲜果紫黑色，风味甜酸，平均可溶性固形物8.2%，酸度10.4g/L，pH3.8，糖酸比7.9。

叶片

新梢

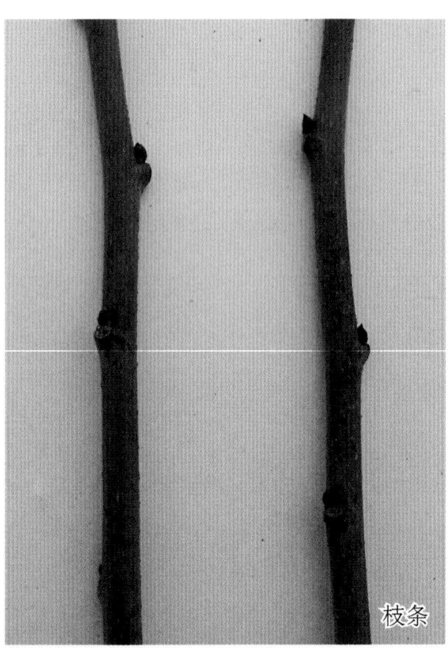
枝条

果实

挂果枝条

果选04—35

【资源来源】由广东省农业科学院蚕业与农产品加工研究所从广东桑杂交后代中选择单株定向培育而成，属广东桑种，现保存于广东省蚕桑种质资源库。

【枝叶特征与栽培特性】树形稍开展，枝条细而长，主枝发条数多，侧枝萌发力弱；皮色青褐，节间直，平均节距5.6cm，五列叶序；皮孔小，稀，圆形；冬芽长三角形，赤褐色，大，腹离，副芽数量少；枝条根源体平，芽褥状态微凸，叶痕圆形。幼叶花色苷显色无，顶端叶着生姿态平伸，叶柄着生姿态上举；植株叶片形状全叶，叶面平展，叶长心形，深绿色，叶尖长尾状，叶缘粗圆齿，叶基浅心形，平均叶长22.0cm，叶幅18.0cm；叶面较粗糙，光泽性强，叶面缩皱程度弱，叶柄细长，平均5.1cm。广东省广州市白云区栽培，桑果始熟期3月上旬，易受微型虫危害，开花期遇雨水多的年份易感菌核病，耐寒性较弱。

【花果性状】广州市栽培米条总芽数20～26个，平均22.0个；米条坐果芽数20～23个，平均21.0个；坐果率88%～100%，平均96%；米条坐果粒数60～101粒，平均73.0粒；单芽坐果数3～4粒，平均3.3粒。桑果长圆筒形，果形好，平均长径4.9cm，横径1.6cm，单果重6.6g，果柄长度0.8cm。鲜果紫黑色，酸甜可口，风味好，平均可溶性固形物7.8%，酸度7.8g/L，pH3.8，糖酸比10.0。

叶片

新梢

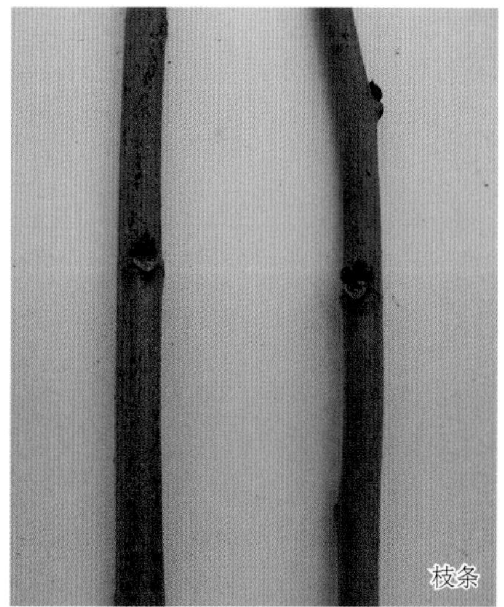
枝条

果实

挂果枝条

果选04-43

【资源来源】由广东省农业科学院蚕业与农产品加工研究所从广东桑杂交后代中选择单株定向培育而成，属广东桑种，现保存于广东省蚕桑种质资源库。

【枝叶特征与栽培特性】树形稍开展，枝条细而长，主枝发条数多，侧枝萌发力弱；皮色灰褐，节间直，平均节距5.0cm，五列叶序；皮孔小，较稀，圆形；冬芽长三角形，赤褐色，大，腹离，副芽数量少；枝条根源体微凸，芽褥状态微凸，叶痕三角形。幼叶花色苷显色无，顶端叶着生姿态下垂，叶柄着生姿态上举；植株叶片形状全叶，叶面扭曲，叶长心形，深绿色，叶尖长尾状，叶缘粗圆齿，叶基浅心形，平均叶长24.5cm，叶幅18.6cm；叶面光滑，光泽性强，叶面缩皱程度中弱，叶柄细长，平均4.6cm。广东省广州市白云区栽培，桑果始熟期3月上旬，易受微型虫危害，开花期遇雨水多的年份易感菌核病，耐寒性较弱。

【花果性状】广州市栽培米条总芽数18 ~ 25个，平均21.2个；米条坐果芽数18 ~ 25个，平均20.7个；坐果率95% ~ 100%，平均98%；米条坐果粒数82 ~ 101粒，平均90.0粒；单芽坐果数4 ~ 5粒，平均4.3粒。桑果长圆筒形，果形好，平均长径5.5cm，横径1.8cm，单果重8.5g，果柄长度1.4cm。鲜果紫黑色，风味甜酸，平均可溶性固形物4.9%，酸度10.0g/L，pH3.7，糖酸比4.9。

叶片

新梢

枝条

果实

挂果枝条

果选04—46

【资源来源】由广东省农业科学院蚕业与农产品加工研究所从广东桑杂交后代中选择单株定向培育而成，属广东桑种，现保存于广东省蚕桑种质资源库。

【枝叶特征与栽培特性】树形稍开展，枝条粗度中等而长，主枝发条数多，侧枝萌发力弱；皮色赤褐，节间直，平均节距5.5cm，五列叶序；皮孔大小中等，稀，圆形；冬芽正三角形，赤褐色，大，腹离，副芽数量少；枝条根源体微凸，芽褥状态微凸，叶痕圆形。幼叶花色苷显色中弱，顶端叶着生姿态平伸，叶柄着生姿态上举；植株叶片形状全叶，叶面平展，叶长心形，深绿色，叶尖长尾状，叶缘粗圆齿，叶基浅心形，平均叶长25.9cm，叶幅21.0cm；叶面光滑，光泽性中等，叶面缩皱程度弱，叶柄细长，平均6.8cm。广东省广州市白云区栽培，桑果始熟期3月上旬，易受微型虫危害，开花期遇雨水多的年份易感菌核病，耐寒性较弱。

【花果性状】广州市栽培米条总芽数24 ~ 28个，平均25.3个；米条坐果芽数24 ~ 25个，平均24.3个；坐果率86% ~ 100%，平均96%；米条坐果粒数92 ~ 109粒，平均101.0粒；单芽坐果数3 ~ 4粒，平均4.0粒。桑果长圆筒形，果形好，平均长径4.8cm，横径1.6cm，单果重5.6g，果柄长度1.0cm。鲜果紫黑色，风味甜酸，平均可溶性固形物5.9%，酸度10.0g/L，pH3.6，糖酸比5.9。

叶片

新梢

枝条

果实

挂果枝条

果选04-51

【资源来源】由广东省农业科学院蚕业与农产品加工研究所从广东桑杂交后代中选择单株定向培育而成，属广东桑种，现保存于广东省蚕桑种质资源库。

【枝叶特征与栽培特性】树形稍开展，枝条细而长，主枝发条数多，侧枝萌发力弱；皮色赤褐，节间直，平均节距6.1cm，五列叶序；皮孔小，稀，圆形；冬芽长三角形，赤褐色，大，腹离，副芽无；枝条根源体微凸，芽褥状态微凸，叶痕三角形。幼叶花色苷显色弱，顶端叶着生姿态平伸，叶柄着生姿态上举；植株叶片形状全叶，叶面平展，叶长心形，深绿色，叶尖长尾状，叶缘粗圆齿，叶基深心形，平均叶长23.8cm，叶幅19.6cm；叶面光滑，光泽性强，叶面缩皱程度弱，叶柄细长，平均5.3cm。广东省广州市白云区栽培，桑果始熟期3月上中旬，易受微型虫危害，开花期遇雨水多的年份易感菌核病，耐寒性较弱。

【花果性状】广州市栽培米条总芽数18 ~ 22个，平均20.0个；米条坐果芽数18 ~ 21个，平均19.7个；坐果率95% ~ 100%，平均98%；米条坐果粒数73 ~ 94粒，平均81.2粒；单芽坐果数3 ~ 4粒，平均4.1粒。桑果长圆筒形，果形多卷曲，平均长径6.2cm，横径1.8cm，单果重9.4g，果柄长度2.4cm。鲜果紫黑色，酸甜可口，风味好，平均可溶性固形物7.7%，酸度7.0g/L，pH4.0，糖酸比10.9。

叶片

新梢

枝条

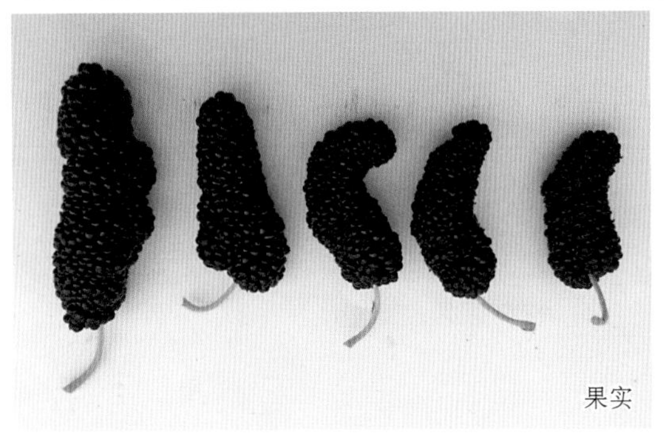
果实

挂果枝条

果选04—54

【资源来源】由广东省农业科学院蚕业与农产品加工研究所从广东桑杂交后代中选择单株定向培育而成，属广东桑种，现保存于广东省蚕桑种质资源库。

【枝叶特征与栽培特性】树形稍开展，枝条细而长，主枝发条数多，侧枝萌发力弱；皮色棕褐，节间直，平均节距5.2cm，八列叶序；皮孔大小中等，较稀，圆形；冬芽长三角形，棕褐色，大，腹离，副芽数量较少；枝条根源体平，芽褥状态微凸，叶痕三角形。幼叶花色苷显色无，顶端叶着生姿态平伸，叶柄着生姿态上举；植株叶片形状全叶，叶面内卷，叶长心形，深绿色，叶尖短尾状，叶缘细圆齿，叶基浅心形，平均叶长23.4cm，叶幅18.2cm；叶面光滑，光泽性中等，叶面缩皱程度中等，叶柄细长，平均4.3cm。开广东省广州市白云区栽培，桑果始熟期3月中旬，易受微型虫危害，开花期遇雨水多的年份易感菌核病，耐寒性较弱。

【花果性状】广州市栽培米条总芽数27～33个，平均28.8个；米条坐果芽数24～33个，平均27.8个；坐果率89%～100%，平均96%；米条坐果粒数156～230粒，平均195.3粒；单芽坐果数6～8粒，平均6.8粒。桑果短圆筒形，果形好，平均长径3.3cm，横径1.4cm，单果重3.0g，果柄长度0.8cm。鲜果紫黑色，风味甜酸，平均可溶性固形物3.8%，酸度9.0g/L，pH3.9，糖酸比4.2。

叶片

新梢

枝条

果实

挂果枝条

果选04—55

【资源来源】由广东省农业科学院蚕业与农产品加工研究所从广东桑杂交后代中选择单株定向培育而成，属广东桑种，现保存于广东省蚕桑种质资源库。

【枝叶特征与栽培特性】树形稍开展，枝条粗度中等而长，主枝发条数多，侧枝萌发力弱；皮色灰褐，节间直，平均节距5.9cm，八列叶序；皮孔大，稀，椭圆形；冬芽长三角形，棕褐色，大，腹离，副芽数量少；枝条根源体平，芽褥状态平，叶痕三角形。幼叶花色苷显色弱，顶端叶着生姿态平伸，叶柄着生姿态上举；植株叶片形状全叶，叶面平展，叶长心形，深绿色，叶尖双头状，叶缘粗圆齿，叶基浅心形，平均叶长25.8cm，叶幅19.5cm；叶面光滑，光泽性强，叶面缩皱程度弱，叶柄细长，平均6.3cm。广东省广州市白云区栽培，桑果始熟期3月上中旬，易受微型虫危害，开花期遇雨水多的年份易感菌核病，耐寒性较弱。

【花果性状】广州市栽培米条总芽数24～29个，平均25.7个；米条坐果芽数23～29个，平均25.0个；坐果率92%～100%，平均97%；米条坐果粒数77～125粒，平均93.7粒；单芽坐果数3～4粒，平均3.6粒。桑果长圆筒形，果形好，平均长径4.8cm，横径1.9cm，单果重9.4g，果柄长度1.3cm。鲜果紫黑色，酸甜可口，风味好，平均可溶性固形物7.3%，酸度4.7g/L，pH4.4，糖酸比15.4。

叶片

新梢

枝条

果实

挂果枝条

果选04—62

【资源来源】由广东省农业科学院蚕业与农产品加工研究所从广东桑杂交后代中选择单株定向培育而成，属广东桑种，现保存于广东省蚕桑种质资源库。

【枝叶特征与栽培特性】树形稍开展，枝条细而长，主枝发条数多，侧枝萌发力弱；皮色青褐，节间直，平均节距6.9cm，五列叶序；皮孔大小中等，稀，圆形；冬芽长三角形，赤褐色，大小中等，贴生，副芽数量少；枝条根源体平，芽褥状态微凸，叶痕半圆形。幼叶花色苷显色无，顶端叶着生姿态平伸，叶柄着生姿态上举；植株叶片形状全叶，叶面平展，叶心形，深绿色，叶尖长尾状，叶缘粗圆齿，叶基深心形，平均叶长26.5cm，叶幅21.6cm；叶面光滑，光泽性强，叶面缩皱程度弱，叶柄细长，平均5.4cm。广东省广州市白云区栽培，桑果始熟期3月上旬，易受微型虫危害，开花期遇雨水多的年份易感菌核病，耐寒性较弱。

【花果性状】广州市栽培米条总芽数18 ~ 22个，平均20.3个；米条坐果芽数18 ~ 22个，平均20.3个；坐果率平均100%；米条坐果粒数83 ~ 96粒，平均90.7粒；单芽坐果数4 ~ 5粒，平均4.5粒。桑果短圆筒形，果形好，平均长径3.4cm，横径1.3cm，单果重3.4g，果柄长度1.1cm。鲜果紫黑色，风味甜酸，平均可溶性固形物6.7%，酸度10.4g/L，pH3.8，糖酸比6.5。

叶片

新梢

枝条

果实

挂果枝条

果选04—72

【资源来源】由广东省农业科学院蚕业与农产品加工研究所从广东桑杂交后代中选择单株定向培育而成，属广东桑种，现保存于广东省蚕桑种质资源库。

【枝叶特征与栽培特性】树形稍开展，枝条细而长，主枝发条数多，侧枝萌发力弱；皮色棕褐，节间直，平均节距5.4cm，五列叶序；皮孔大小中等，较稀，圆形；冬芽正三角形，棕褐色，大，尖离，副芽数量较少；枝条根源体微凸，芽褥状态平，叶痕圆形。幼叶花色苷显色中等，顶端叶着生姿态平伸，叶柄着生姿态上举；植株叶片形状全叶，叶面平展，叶长心形，深绿色，叶尖长尾状，叶缘细圆齿，叶基浅心形，平均叶长23.9cm，叶幅18.3cm；叶面光滑，光泽性强，叶面缩皱程度弱，叶柄细长，平均5.1cm。广东省广州市白云区栽培，桑果始熟期3月上中旬，易受微型虫危害，开花期遇雨水多的年份易感菌核病，耐寒性较弱。

【花果性状】广州市栽培米条总芽数25 ~ 29个，平均25.8个；米条坐果芽数25 ~ 29个，平均25.8；坐果率平均100%；米条坐果粒数106 ~ 134，平均116.3；单芽坐果数4 ~ 5粒，平均4.5粒。桑果长圆筒形，果形好，平均长径4.5cm，横径1.6cm，单果重6.8g，果柄长度1.7cm。鲜果紫黑色，酸甜可口，风味好，平均可溶性固形物5.3%，酸度5.2g/L，pH4.3，糖酸比10.1。

叶片

新梢

枝条

果实

挂果枝条

果选04—73

【资源来源】由广东省农业科学院蚕业与农产品加工研究所从广东桑杂交后代中选择单株定向培育而成，属广东桑种，现保存于广东省蚕桑种质资源库。

【枝叶特征与栽培特性】树形稍开展，枝条细而长，主枝发条数多，侧枝萌发力弱；皮色棕褐，节间直，平均节距5.2cm，五列叶序；皮孔大小中等，较密，圆形；冬芽正三角形，棕褐色，小，尖离，副芽数量少；枝条根源体平，芽褥微凸，叶痕圆形。幼叶花色苷显色无，顶端叶着生姿态平伸，叶柄着生姿态上举；植株叶片形状全叶，叶面平展，叶长心形，深绿色，叶尖长尾状，叶缘细圆齿，叶基浅心形，平均叶长25.5cm，叶幅19.3cm；叶面光滑，光泽性中等，叶面缩皱程度弱，叶柄细长，平均5.7cm。广东省广州市白云区栽培，桑果始熟期3月上中旬，易受微型虫危害，开花期遇雨水多的年份易感菌核病，耐寒性较弱。

【花果性状】广州市栽培米条总芽数25 ~ 31个，平均28.2个；米条坐果芽数25 ~ 31个，平均27.8个；坐果率96% ~ 100%，平均98.8%；米条坐果粒数83 ~ 163粒，平均111.7粒；单芽坐果数3 ~ 5粒，平均4.0粒。桑果短圆筒形，果形好，平均长径3.1cm，横径1.5cm，单果重4.3g，果柄长度1.6cm。鲜果紫黑色，酸甜可口，风味好，平均可溶性固形物9.6%，酸度4.2g/L，pH4.5，糖酸比22.7。

叶片

新梢

枝条

果实

挂果枝条

果选04-74

【资源来源】由广东省农业科学院蚕业与农产品加工研究所从广东桑杂交后代中选择单株定向培育而成，属广东桑种，现保存于广东省蚕桑种质资源库。

【枝叶特征与栽培特性】树形稍开展，枝条细而长，主枝发条数多，侧枝萌发力弱；皮色赤褐，节间直，平均节距6.1cm，五列叶序；皮孔小，较密，圆形；冬芽正三角形，赤褐色，大小中等，腹离，副芽数量少；枝条根源体微凸，芽褥状态微凸，叶痕圆形。幼叶花色苷显色无，顶端叶着生姿态平伸，叶柄着生姿态上举；植株叶片形状全叶，叶面平展，叶长心形，深绿色，叶尖短尾状，叶缘细圆齿，叶基浅心形，平均叶长22.9cm，叶幅15.3cm；叶面光滑，光泽性强，叶面缩皱程度弱，叶柄细长，平均5.7cm。广东省广州市白云区栽培，桑果始熟期3月上中旬，易受微型虫危害，开花期遇雨水多的年份易感菌核病，耐寒性较弱。

【花果性状】广州市栽培米条总芽数19～23个，平均21.5个；米条坐果芽数18～22个，平均21.2个；坐果率95%～100%，平均98%；米条坐果粒数75～126粒，平均102.2粒；单芽坐果数3～6粒，平均4.7粒。桑果短圆筒形，果形好，平均长径3.8cm，横径1.7cm，单果重7.0g，果柄长度1.0cm。鲜果紫黑色，酸甜可口，风味好，平均可溶性固形物6.1%，酸度5.8g/L，pH4.1，糖酸比10.6。

叶片

新梢

枝条

果实

挂果枝条

果选04—75

【资源来源】由广东省农业科学院蚕业与农产品加工研究所从广东桑杂交后代中选择单株定向培育而成，属广东桑种，现保存于广东省蚕桑种质资源库。

【枝叶特征与栽培特性】树形稍开展，枝条细而长，主枝发条数多，侧枝萌发力弱；皮色青褐，节间直，平均节距4.8cm，三列叶序；皮孔小，稀，圆形；冬芽长三角形，赤褐色，大，腹离，副芽数量少；枝条根源体平，芽褥状态微凸，叶痕半圆形。幼叶花色苷显色无，顶端叶着生姿态斜上，叶柄着生姿态上举；植株叶片形状全叶，叶面平展，叶心形，深绿色，叶尖长尾状，叶缘粗圆齿，叶基浅心形，平均叶长20.0cm，叶幅15.5cm；叶面光滑，光泽性强，叶面缩皱程度中弱，叶柄细长，平均4.6cm。广东省广州市白云区栽培，桑果始熟期3月上中旬，易受微型虫危害，开花期遇雨水多的年份易感菌核病，耐寒性较弱。

【花果性状】广州市栽培米条总芽数21 ~ 25个，平均23.8个；米条坐果芽数19 ~ 24个，平均22.5个；坐果率88% ~ 100%，平均94%；米条坐果粒数105 ~ 149粒，平均125.8粒；单芽坐果数4 ~ 6粒，平均5.3粒。桑果长圆筒形，果形好，平均长径4.0cm，横径1.8cm，单果重6.2g，果柄长度1.0cm。鲜果紫黑色，酸甜可口，风味好，平均可溶性固形物6.6%，酸度7.7g/L，pH3.9，糖酸比8.6。

叶片

新梢

枝条

果实

挂果枝条

果选04—78

【资源来源】由广东省农业科学院蚕业与农产品加工研究所从广东桑杂交后代中选择单株定向培育而成，属广东桑种，现保存于广东省蚕桑种质资源库。

【枝叶特征与栽培特性】树形稍开展，枝条细而长，主枝发条数多，侧枝萌发力弱；皮色灰褐，节间直，平均节距4.6cm，絮乱叶序；皮孔小，稀，圆形；冬芽长三角形，棕褐色，大，腹离，副芽数量较少；枝条根源体平，芽褥状态微凸，叶痕半圆形。幼叶花色苷显色弱，顶端叶着生姿态平伸，叶柄着生姿态上举；植株叶片形状全叶，叶面平展，叶长心形，深绿色，叶尖长尾状，叶缘细圆齿，叶基浅心形，平均叶长20.8cm，叶幅18.0cm；叶面光滑，光泽性强，叶面缩皱程度弱，叶柄细长，平均4.3cm。广东省广州市白云区栽培，桑果始熟期3月上中旬，易受微型虫危害，开花期遇雨水多的年份易感菌核病，耐寒性较弱。

【花果性状】广州市栽培米条总芽数24 ~ 26个，平均24.8个；米条坐果芽数23 ~ 26个，平均24.5个；坐果率92% ~ 100%，平均99%；米条坐果粒数134 ~ 166粒，平均145.0粒；单芽坐果数5 ~ 7粒，平均5.9粒。桑果长圆筒形，果形好，平均长径5.3cm，横径1.5cm，单果重6.2g，果柄长度1.6cm。鲜果紫黑色，风味甜酸，平均可溶性固形物3.8%，酸度7.8g/L，pH3.7，糖酸比4.9。

叶片

新梢

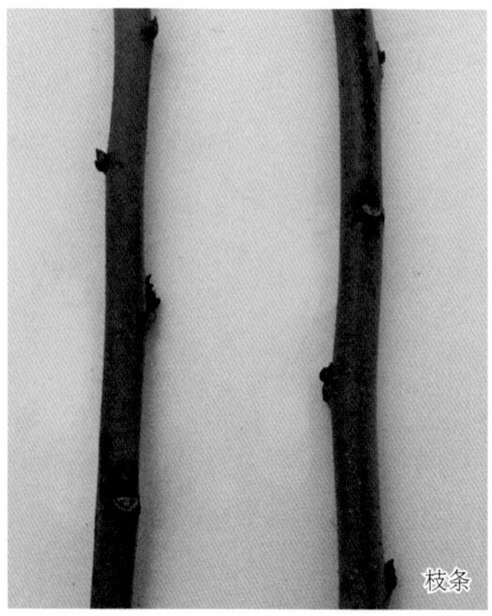
枝条

果实

挂果枝条

果选 04—87

【资源来源】由广东省农业科学院蚕业与农产品加工研究所从广东桑杂交后代中选择单株定向培育而成，属广东桑种，现保存于广东省蚕桑种质资源库。

【枝叶特征与栽培特性】树形稍开展，枝条粗而直，主枝发条数多，侧枝萌发力弱；皮色青褐，节间直，平均节距6.5cm，八列叶序；皮孔大小中等，稀，椭圆形；冬芽长三角形，棕褐色，小，尖离，副芽数量较少；枝条根源体平，芽褥状态平，叶痕三角形。幼叶花色苷显色弱，顶端叶着生姿态平伸，叶柄着生姿态上举；植株叶片形状全叶，叶面平展，叶心形，深绿色，叶尖长尾状，叶缘粗锯齿，叶基深心形，平均叶长24.2cm，叶幅22.2cm；叶面光滑，光泽性强，叶面缩皱程度弱，叶柄细长，平均6.4cm。广东省广州市白云区栽培，桑果始熟期3月上中旬，易受微型虫危害，开花期遇雨水多的年份易感菌核病，耐寒性较弱。

【花果性状】广州市栽培米条总芽数22～24个，平均23.0个；米条坐果芽数22～24个，平均22.5个；坐果率92%～100%，平均98%；米条坐果粒数79～113粒，平均97.0粒；单芽坐果数3～5粒，平均4.2粒。桑果长圆筒形，果形好，平均长径4.6cm，横径1.8cm，单果重8.1g，果柄长度1.0cm。鲜果紫黑色，风味甜酸，平均可溶性固形物7.3%，酸度18.1g/L，pH3.7，糖酸比4.0。

叶片

新梢

枝条

果实

挂果枝条

果选04—93

【资源来源】 由广东省农业科学院蚕业与农产品加工研究所从广东桑杂交后代中选择单株定向培育而成，属广东桑种，现保存于广东省蚕桑种质资源库。

【枝叶特征与栽培特性】 树形稍开展，枝条粗而长，主枝发条数多，侧枝萌发力弱；皮色棕褐，节间直，平均节距6.3cm，五列叶序；皮孔小，密，圆形；冬芽长三角形，棕褐色，大，尖离，副芽数量较少；枝条根源体平，芽褥状态微凸，叶痕三角形。幼叶花色苷显色弱，顶端叶着生姿态平伸，叶柄着生姿态上举；植株叶片形状全叶，叶面平展，叶心形，深绿色，叶尖长尾状，叶缘粗锯齿，叶基深心形，平均叶长25.6cm，叶幅20.5cm；叶面光滑，光泽性强，叶面缩皱程度弱，叶柄细长，平均4.3cm。广东省广州市白云区栽培，桑果始熟期3月上中旬，易受微型虫危害，开花期遇雨水多的年份易感菌核病，耐寒性较弱。

【花果性状】 广州市栽培米条总芽数21 ~ 27个，平均23.5个；米条坐果芽数21 ~ 26个，平均23.2个；坐果率96% ~ 100%，平均99%；米条坐果粒数139 ~ 185粒，平均162.5粒；单芽坐果数6 ~ 8粒，平均7.0粒。桑果长圆筒形，果形好，平均长径4.5cm，横径1.3cm，单果重4.1g，果柄长度1.0cm。鲜果紫黑色，风味甜酸，平均可溶性固形物4.4%，酸度5.8g/L，pH4.0，糖酸比7.6。

叶片

新梢

枝条

果实

挂果枝条

果选04—97

【资源来源】由广东省农业科学院蚕业与农产品加工研究所从广东桑杂交后代中选择单株定向培育而成，属广东桑种，现保存于广东省蚕桑种质资源库。

【枝叶特征与栽培特性】树形稍开展，枝条细而长，主枝发条数多，侧枝萌发力弱；皮色青褐，节间直，平均节距5.7cm，八列叶序；皮孔大小中等，较密，椭圆形；冬芽长三角形，赤褐色，大小中等，贴生，副芽无；枝条根源体平，芽褥状态微凸，叶痕半圆形。幼叶花色苷显色中等，顶端叶着生姿态斜上，叶柄着生姿态上举；植株叶片形状全叶，叶面平展，叶长心形，浅绿色，叶尖长尾状，叶缘细锯齿，叶基深心形，平均叶长18.4cm，叶幅15.5cm；叶面光滑，光泽性中等，叶面缩皱程度弱，叶柄细长，平均6.3cm。广东省广州市白云区栽培，桑果始熟期3月上中旬，易受微型虫危害，开花期遇雨水多的年份易感菌核病，耐寒性较弱。

【花果性状】广州市栽培米条总芽数21～32个，平均26.7个；米条坐果芽数11～19个，平均15.2个；坐果率41%～79%，平均58%；米条坐果粒数18～45粒，平均34.2粒；单芽坐果数1～2粒，平均1.3粒。桑果中圆筒形，果形好，平均长径3.9cm，横径1.6cm，单果重5.7g，果柄长度1.3cm。鲜果紫黑色，酸甜可口，风味好，平均可溶性固形物8.8%，酸度6.8g/L，pH4.0，糖酸比13.0。

叶片

新梢

枝条

果实

挂果枝条

果选04—117

【资源来源】由广东省农业科学院蚕业与农产品加工研究所从广东桑杂交后代中选择单株定向培育而成，属广东桑种，现保存于广东省蚕桑种质资源库。

【枝叶特征与栽培特性】树形稍开展，枝条细而长，主枝发条数多，侧枝萌发力弱；皮色棕褐，节间直，平均节距5.8cm，八列叶序；皮孔大小中等，稀，圆形；冬芽长三角形，赤褐色，大小中等，腹离，副芽数量少；枝条根源体平，芽褥状态微凸，叶痕三角形。幼叶花色苷显色弱，顶端叶着生姿态平伸，叶柄着生姿态上举；植株叶片形状全叶，叶面平展，叶长心形，中绿色，叶尖双头状，叶缘细锯齿，叶基浅心形，平均叶长21.5cm，叶幅15.7cm；叶面光滑，光泽性强，叶面缩皱程度弱，叶柄细长，平均5.2cm。广东省广州市白云区栽培，桑果始熟期3月上中旬，易受微型虫危害，开花期遇雨水多的年份易感菌核病，耐寒性较弱。

【花果性状】广州市栽培米条总芽数19～24个，平均21.5个；米条坐果芽数18～24个，平均21.0个；坐果率91%～100%，平均98%；米条坐果粒数94～186粒，平均147.0粒；单芽坐果数5～9粒，平均6.8粒。桑果长圆筒形，果形好，平均长径4.1cm，横径1.8cm，单果重7.2g，果柄长度0.9cm。鲜果紫黑色，酸甜可口，风味好，平均可溶性固形物5.1%，酸度4.5g/L，pH4.3，糖酸比11.4。

叶片　新梢　枝条　果实　挂果枝条

果选04—120

【资源来源】由广东省农业科学院蚕业与农产品加工研究所从广东桑杂交后代中选择单株定向培育而成，属广东桑种，现保存于广东省蚕桑种质资源库。

【枝叶特征与栽培特性】树形稍开展，枝条粗度中等，主枝发条数多，侧枝萌发力弱；皮色棕褐，节间直，平均节距6.8cm，八列叶序；皮孔大小中等，稀，椭圆形；冬芽长三角形，赤褐色，大，腹离，副芽数量较少；枝条根源体平，芽褥状态平，叶痕圆形。幼叶花色苷显色弱，顶端叶着生姿态平伸，叶柄着生姿态上举；植株叶片形状全叶、裂叶混生；全叶面平展，叶长心形，中绿色，叶尖长尾状，叶缘细锯齿，叶基浅心形，平均叶长19.9cm，叶幅15.2cm；叶面光滑，光泽性弱，叶面缩皱程度弱，叶柄细长，平均5.3cm。广东省广州市白云区栽培，桑果始熟期3月上中旬，易受微型虫危害，开花期遇雨水多的年份易感菌核病，耐寒性较弱。

【花果性状】广州市栽培米条总芽数25～30个，平均27.5个；米条坐果芽数23～29个，平均26.2个；坐果率92%～100%，平均95%；米条坐果粒数121～195粒，平均142.3粒；单芽坐果数4～7粒，平均5.2粒。桑果中圆筒形，果形好，平均长径3.5cm，横径1.6cm，单果重4.6g，果柄长度1.3cm。鲜果紫黑色，酸甜可口，风味好，平均可溶性固形物6.3%，酸度4.4g/L，pH4.6，糖酸比14.5。

果选04—122

【资源来源】由广东省农业科学院蚕业与农产品加工研究所从广东桑杂交后代中选择单株定向培育而成，属广东桑种，现保存于广东省蚕桑种质资源库。

【枝叶特征与栽培特性】树形稍开展，枝条细而长，主枝发条数少，侧枝萌发力弱；皮色灰褐，节间直，平均节距6.5cm，紊乱叶序；皮孔大小中等，稀，圆形。冬芽长三角形，赤褐色，大小中等，尖离，副芽数量较少；枝条根源体平，芽褥状态平，叶痕圆形。幼叶花色苷显色弱，顶端叶着生姿态平伸，叶柄着生姿态上举；植株叶片形状全叶，叶面平展，叶长心形，浅绿色，叶尖双头状，叶缘细圆齿，叶基浅心形，平均叶长20.0cm，叶幅15.7cm，叶面光滑，光泽性弱，叶面缩皱程度弱，叶柄细长，平均5.8cm，叶片斜生。广东省广州市白云区栽培，桑果始熟期3月上中旬，易受微型虫危害，开花期遇雨水多的年份易感菌核病，耐寒性较弱。

【花果性状】广州市栽培米条总芽数20 ~ 25个，平均22.5个；米条坐果芽数19 ~ 25个，平均22.0个；坐果率86% ~ 100%，平均98%；米条坐果粒数99 ~ 140粒，平均119.8粒；单芽坐果数4 ~ 6粒，平均5.3粒。桑果短圆筒形，果形好，平均长径3.3cm，横径1.7cm，单果重4.4g，果柄长度0.9cm。鲜果紫黑色，酸甜可口，风味好，平均可溶性固形物7.3%，酸度7.0g/L，pH4.2，糖酸比10.4。

叶片

新梢

枝条

果实

挂果枝条

果选04—123

【资源来源】由广东省农业科学院蚕业与农产品加工研究所从广东桑杂交后代中选择单株定向培育而成，属广东桑种，现保存于广东省蚕桑种质资源库。

【枝叶特征与栽培特性】树形稍开展，枝条细而长，主枝发条数多，侧枝萌发力弱；皮色棕褐，节间直，平均节距4.5cm，絮乱叶序；皮孔大小中等，较稀，圆形；冬芽长三角形，黄褐色，大，腹离，副芽数量较少；枝条根源体平，芽褥状态平，叶痕三角形。幼叶花色苷无显色，顶端叶着生姿态斜上，叶柄着生姿态上举；植株叶片形状全叶，叶面平展，叶长心形，浅绿色，叶尖短尾状，叶缘细圆齿，叶基浅心形，平均叶长20.8cm，叶幅15.9cm；叶面光滑，光泽性中等，叶面缩皱程度弱，叶柄细长，平均4.2cm。广东省广州市白云区栽培，桑果始熟期3月上中旬，易受微型虫危害，开花期遇雨水多的年份易感菌核病，耐寒性较弱。

【花果性状】广州市栽培米条总芽数27～33个，平均30.0个；米条坐果芽数26～33个，平均29.2个；坐果率96%～100%，平均97%；米条坐果粒数155～215粒，平均178.2粒；单芽坐果数5～6粒，平均5.9粒。桑果中圆筒形，果形好，平均长径3.7cm，横径1.6cm，单果重4.7g，果柄长度1.3cm。鲜果紫黑色，风味甜酸，平均可溶性固形物6.8%，酸度9.3g/L，pH4.2，糖酸比7.3。

叶片

新梢

枝条

果实

挂果枝条

果选04—125

【资源来源】由广东省农业科学院蚕业与农产品加工研究所从广东桑杂交后代中选择单株定向培育而成，属广东桑种，现保存于广东省蚕桑种质资源库。

【枝叶特征与栽培特性】树形稍开展，枝条粗而长，主枝发条数多，侧枝萌发力弱；皮色棕褐，节间直，平均节距5.65cm，五列叶序；皮孔小，密，圆形；冬芽长三角形，棕褐色，大，贴生，副芽数量较少；枝条根源体微凸，芽褥状态微凸，叶痕圆形。幼叶花色苷显色弱，顶端叶着生姿态平伸，叶柄着生姿态上举；植株叶片形状全叶、裂叶混生；叶面平展，叶长心形，中绿色，叶尖长尾状，叶缘细圆齿，叶基浅心形，平均叶长22.7cm，叶幅18.5cm；叶面光滑，光泽性中等，叶面缩皱程度弱，叶柄细长，平均5.1cm。广东省广州市白云区栽培，桑果始熟期3月上旬，易受微型虫危害，开花期遇雨水多的年份易感菌核病，耐寒性较弱。

【花果性状】广州市栽培米条总芽数20～23个，平均21.5个；米条坐果芽数20～23个，平均21.5个；坐果率平均100%；米条坐果粒数89～108粒，平均102.0粒；单芽坐果数4～5粒，平均4.7粒。桑果中圆筒形，果形好，平均长径3.6cm，横径1.5cm，单果重4.0g，果柄长度1.2cm。鲜果紫黑色，酸甜可口，风味好，平均可溶性固形物6.6%，酸度5.2g/L，pH4.1，糖酸比12.6。

果选04—128

【资源来源】由广东省农业科学院蚕业与农产品加工研究所从广东桑杂交后代中选择单株定向培育而成，属广东桑种，现保存于广东省蚕桑种质资源库。

【枝叶特征与栽培特性】树形稍开展，枝条中粗而长，主枝发条数多，侧枝萌发力弱；皮色灰褐，节间直，平均节距5.1cm，五列叶序；皮孔大小中等，较稀，圆形；冬芽正三角形，黄褐色，小，尖离，副芽数量较少；枝条根源体平，芽褥状态平，叶痕圆形。幼叶花色苷显色中等，顶端叶着生姿态平伸，叶柄着生姿态上举；植株叶片形状全叶，叶面平展，叶长心形，深绿色，叶尖短尾状，叶缘细圆齿，叶基浅心形，平均叶长24.1cm，叶幅18.2cm；叶面光滑，光泽性中等，叶面缩皱程度弱，叶柄细长，平均4.7cm。广东省广州市白云区栽培，桑果始熟期3月上中旬，易受微型虫危害，开花期遇雨水多的年份易感菌核病，耐寒性较弱。

【花果性状】广州市栽培米条总芽数20～30个，平均26.2个；米条坐果芽数20～28个，平均25.0个；坐果率83%～100%，平均96%；米条坐果粒数93～187粒，平均138.8粒；单芽坐果数3～7粒，平均5.3粒。桑果长圆筒形，果形好，平均长径4.6cm，横径1.6cm，单果重5.7g，果柄长度1.6cm。鲜果紫黑色，风味甜酸，平均可溶性固形物5.5%，酸度8.7g/L，pH3.9，糖酸比6.3。

叶片

新梢

枝条

果实

挂果枝条

果选04—137

【资源来源】由广东省农业科学院蚕业与农产品加工研究所从广东桑杂交后代中选择单株定向培育而成，属广东桑种，现保存于广东省蚕桑种质资源库。

【枝叶特征与栽培特性】树形稍开展，枝条细而长，主枝发条数少，侧枝萌发力强；皮色棕褐，节间直，平均节距5.5cm，絮乱叶序；皮孔大小中等，较稀，圆形；冬芽长三角形，赤褐色，大，尖离，副芽数量较少；枝条根源体平，芽褥状态凸，叶痕三角形。幼叶花色苷显色无，顶端叶着生姿态平伸，叶柄着生姿态上举；植株叶片形状全叶，叶面平展，叶心形，浅绿色，叶尖长尾状，叶缘细圆齿，叶基浅心形，平均叶长22.2cm，叶幅16.7cm；叶面光滑，光泽性中等，叶面缩皱程度弱，叶柄细长，平均3.5cm。广东省广州市白云区栽培，桑果始熟期3月上中旬，易受微型虫危害，开花期遇雨水多的年份易感菌核病，耐寒性较弱。

【花果性状】广州市栽培米条总芽数18 ~ 22个，平均19.7个；米条坐果芽数18 ~ 22个，平均19.7个；坐果率95% ~ 100%，平均98%；米条坐果粒数64 ~ 81粒，平均72.7粒；单芽坐果数3 ~ 4粒，平均3.7粒。桑果中圆筒形，果形好，平均长径3.7cm，横径1.6cm，单果重5.1g，果柄长度1.1cm。鲜果紫黑色，酸甜可口，风味好，平均可溶性固形物10.0%，酸度5.1g/L，pH4.3，糖酸比19.5。

叶片

新梢

枝条

果实

挂果枝条

果选04—139

【资源来源】 由广东省农业科学院蚕业与农产品加工研究所从广东桑杂交后代中选择单株定向培育而成，属广东桑种，现保存于广东省蚕桑种质资源库。

【枝叶特征与栽培特性】 树形稍开展，枝条细而长，主枝发条数多，侧枝萌发力强；皮色青褐，节间直，平均节距6.0cm，五列叶序；皮孔大小中等，较稀，圆形；冬芽长三角形，赤褐色，大，尖离，副芽无；枝条根源体平，芽褥状态微凸，叶痕圆形。幼叶花色苷显色弱，顶端叶着生姿态平伸，叶柄着生姿态上举；植株叶片形状全叶，叶面平展，叶长心形，深绿色，叶尖双头状，叶缘细圆齿，叶基浅心形，平均叶长23.9cm，叶幅18.5cm；叶面光滑，光泽性中等，叶面缩皱程度弱，叶柄细长，平均4.5cm。广东省广州市白云区栽培，桑果始熟期3月中旬，易受微型虫危害，开花期遇雨水多的年份易感菌核病，耐寒性较弱。

【花果性状】 广州市栽培米条总芽数18 ~ 22个，平均20.5个；米条坐果芽数11 ~ 21个，平均16.3个；坐果率61% ~ 100%，平均80%；米条坐果粒数21 ~ 69粒，平均41.7粒；单芽坐果数1 ~ 4粒，平均2.0粒。桑果长圆筒形，果形好，平均长径4.3cm，横径1.8cm，单果重5.6g，果柄长度1.6cm。鲜果紫黑色，酸甜可口，风味好，平均可溶性固形物8.1%，酸度9.1g/L,pH3.7，糖酸比8.9。

叶片

新梢

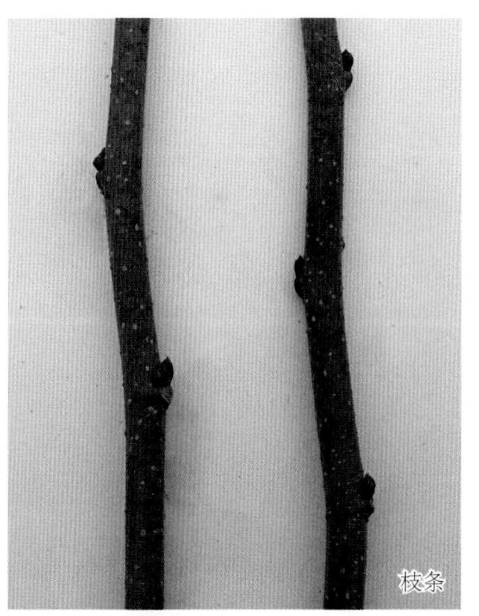
枝条

果实

挂果枝条

抗11

【资源来源】由广东省农业科学院蚕业与农产品加工研究所从广东桑杂交后代中选择单株定向培育而成，属广东桑种，现保存于广东省蚕桑种质资源库。

【枝叶特征与栽培特性】树形稍开展，枝条细而长，主枝发条数多，侧枝萌发力弱；皮色青褐，节间直，平均节距5.0cm，八列叶序；皮孔小，密，圆形；冬芽长三角形，棕褐色，大小中等，贴生，副芽数量少；枝条根源体平，芽褥状态微凸，叶痕三角形。幼叶花色苷显色无，顶端叶着生姿态平伸，叶柄着生姿态上举；植株叶片形状全叶，叶面平展，叶长心形，深绿色，叶尖长尾状，叶缘细圆齿，叶基截形，平均叶长19.5cm，叶幅14.8cm；叶面光滑，光泽性中等，叶面缩皱程度弱，叶柄细长，平均4.8cm。广东省广州市白云区栽培，桑果始熟期3月上中旬，易受微型虫危害，开花期遇雨水多的年份易感菌核病，耐寒性较弱。

【花果性状】广州市栽培米条总芽数25 ~ 29个，平均26.2个；米条坐果芽数24 ~ 25个，平均24.7个；坐果率86% ~ 100%，平均94%；米条坐果粒数118 ~ 147粒，平均134.2粒；单芽坐果数4 ~ 6粒，平均5.2粒。桑果长圆筒形，果形好，平均长径4.0cm，横径1.5cm，单果重3.0g，果柄长度1.5cm。鲜果紫黑色，酸甜可口，风味好，平均可溶性固形物9.8%，酸度3.4g/L，pH4.6，糖酸比28.6。

抗锈3

【资源来源】由广东省农业科学院蚕业与农产品加工研究所从广东桑杂交后代中选择单株定向培育而成，属广东桑种，现保存于广东省蚕桑种质资源库。

【枝叶特征与栽培特性】树形稍开展，枝条细而长，主枝发条数少，侧枝萌发力弱；皮色青褐，节间直，平均节距4.8cm，五列叶序；皮孔大小中等，较密，圆形；冬芽正三角形，黄褐色，大小中等，腹离，副芽数量较多；枝条根源体平，芽褥状态平，叶痕半圆形。幼叶花色苷显色无，顶端叶着生姿态平伸，叶柄着生姿态上举；植株叶片形状全叶，叶面平展，叶心形，中绿色，叶尖长尾状，叶缘细圆齿，叶基浅心形，平均叶长18.0cm，叶幅15.3cm；叶面光滑，光泽性中等，叶面缩皱程度弱，叶柄细长，平均4.0cm。广东省广州市白云区栽培，桑果始熟期3月上中旬，易受微型虫危害，开花期遇雨水多的年份易感菌核病，耐寒性较弱。

【花果性状】广州市栽培米条总芽数27 ~ 30个，平均28.2个；米条坐果芽数20 ~ 27个，平均23.7个；坐果率70% ~ 100%，平均84%；米条坐果粒数144 ~ 191粒，平均162.8粒；单芽坐果数5 ~ 7粒，平均5.8粒。桑果短圆筒形，果形好，平均长径3.1cm，横径1.3cm，单果重2.2g，果柄长度1.0cm。鲜果紫黑色，酸甜可口，风味好，平均可溶性固形物6.0%，酸度1.5g/L，pH4.6，糖酸比39.1。

叶片　新梢　枝条

果实　挂果枝条

抗锈7

【资源来源】由广东省农业科学院蚕业与农产品加工研究所从广东桑杂交后代中选择单株定向培育而成，属广东桑种，现保存于广东省蚕桑种质资源库。

【枝叶特征与栽培特性】树形稍开展，枝条细而长，主枝发条数多，侧枝萌发力弱；皮色青褐，节间直，平均节距6.0cm，五列叶序；皮孔大，较稀，圆形；冬芽长三角形，棕褐色，大，尖离，副芽数量少；枝条根源体平，芽褥状态微凸，叶痕半圆形。幼叶花色苷显色无，顶端叶着生姿态平伸，叶柄着生姿态上举；植株叶片形状全叶，叶面平展，叶长心形，深绿色，叶尖长尾状，叶缘粗锯齿，叶基截形，平均叶长20.1cm，叶幅15.1cm；叶面光滑，光泽性强，叶面缩皱程度弱，叶柄细长，平均4.5cm。广东省广州市白云区栽培，桑果始熟期3月上中旬，易受微型虫危害，开花期遇雨水多的年份易感菌核病，耐寒性较弱。

【花果性状】广州市栽培米条总芽数26～33个，平均30.7个；米条坐果芽数20～31个，平均25.3个；坐果率65%～94%，平均82%；米条坐果粒数71～131粒，平均96.7粒；单芽坐果数3～4粒，平均3.1粒。桑果长圆筒形，果形好，平均长径4.2cm，横径1.5cm，单果重4.6g，果柄长度1.5cm。鲜果紫黑色，酸甜可口，风味好，平均可溶性固形物4.8%，酸度2.4g/L，pH4.3，糖酸比19.7。

叶片 新梢 枝条 果实 挂果枝条

抗选01—1

【资源来源】由广东省农业科学院蚕业与农产品加工研究所从广东桑杂交后代中选择单株定向培育而成，属广东桑种，现保存于广东省蚕桑种质资源库。

【枝叶特征与栽培特性】树形稍开展，枝条粗而长，主枝发条数多，侧枝萌发力弱；皮色青褐，节间直，平均节距4.9cm，八列叶序；皮孔大小中等，较密，圆形；冬芽长三角形，棕褐色，大小中等，尖离，副芽数量较多；枝条根源体平，芽褥状态平，叶痕三角形。幼叶花色苷显色无，顶端叶着生姿态平伸，叶柄着生姿态上举；植株叶片形状全叶、裂叶混生，叶面平展，全叶心形，深绿色，叶尖长尾状，叶缘粗锯齿，叶基浅心形，平均叶长24.7cm，叶幅19.1cm；叶面光滑，光泽性强，叶面缩皱程度弱，叶柄细长，平均5.3cm。广东省广州市白云区栽培，桑果始熟期3月上中旬，易受微型虫危害，开花期遇雨水多的年份易感菌核病，耐寒性较弱。

【花果性状】广州市栽培米条总芽数23～36个，平均29.7个；米条坐果芽数18～31个，平均26.2个；坐果率75%～97%，平均88%；米条坐果粒数67～148粒，平均97.2粒；单芽坐果数2～5粒，平均3.3粒。桑果长圆筒形，果形好，平均长径4.6cm，横径1.8cm，单果重5.9g，果柄长度1.1cm。鲜果紫黑色，酸甜可口，风味好，平均可溶性固形物4.3%，酸度3.6g/L，pH4.0，糖酸比12.0。

抗选01—3

【资源来源】由广东省农业科学院蚕业与农产品加工研究所从广东桑杂交后代中选择单株定向培育而成，属广东桑种，现保存于广东省蚕桑种质资源库。

【枝叶特征与栽培特性】树形稍开展，枝条粗而长，主枝发条数少，侧枝萌发力弱；皮色青褐，节间直，平均节距5.3cm，八列叶序；皮孔小，较密，圆形；冬芽长三角形，棕褐色，大，贴生，副芽数量少；枝条根源体平，芽褥状态微凸，叶痕三角形。幼叶花色苷显色无，顶端叶着生姿态平伸，叶柄着生姿态上举；植株叶片形状全叶，叶面平展，叶长心形，深绿色，叶尖长尾状，叶缘粗锯齿，叶基浅心形，平均叶长22.8cm，叶幅16.3cm；叶面光滑，光泽性中等，叶面缩皱程度弱，叶柄细长，平均3.8cm。广东省广州市白云区栽培，桑果始熟期3月上中旬，易受微型虫危害，开花期遇雨水多的年份易感菌核病，耐寒性较弱。

【花果性状】广州市栽培米条总芽数28 ~ 31个，平均29.8个；米条坐果芽数16 ~ 31个，平均26.8个；坐果率55% ~ 100%，平均90%；米条坐果粒数103 ~ 168粒，平均144.5粒；单芽坐果数4 ~ 6粒，平均4.8粒。桑果中圆筒形，果形好，平均长径3.9cm，横径1.3cm，单果重3.6g，果柄长度1.8cm。鲜果紫黑色，酸甜可口，风味好，平均可溶性固形物7.7%，酸度4.2g/L，pH4.0，糖酸比18.2。

叶片　新梢　枝条　果实　挂果枝条

抗选01–9

【资源来源】由广东省农业科学院蚕业与农产品加工研究所从广东桑杂交后代中选择单株定向培育而创制，属广东桑种，现保存于广东省蚕桑种质资源库。

【枝叶特征与栽培特性】树形稍开展，枝条粗度中等而长，主枝发条数多，侧枝萌发力弱；皮色棕褐，节间直，平均节距4.9cm，五列叶序；皮孔大，较密，圆形；冬芽长三角形，棕褐色，大小中等，尖离，副芽数量较少；枝条根源体平，芽褥状态平，叶痕三角形。幼叶花色苷显色无，顶端叶着生姿态平伸，叶柄着生姿态上举；植株叶片形状全叶，叶面平展，叶长心形，深绿色，叶尖长尾状，叶缘粗圆齿，叶基浅心形，平均叶长22.0cm，叶幅16.9cm；叶面光滑，光泽性强，叶面缩皱程度中弱，叶柄细长，平均5.8cm。广东省广州市白云区栽培，桑果始熟期3月上中旬，易受微型虫危害，开花期遇雨水多的年份易感菌核病，耐寒性较弱。

【花果性状】广州市栽培米条总芽数26 ~ 33个，平均27.7个；米条坐果芽数11 ~ 25个，平均18.0个；坐果率42% ~ 89%，平均65%；米条坐果粒数33 ~ 91粒，平均48.0粒；单芽坐果数1 ~ 3粒，平均1.7粒。桑果中圆筒形，果形好，平均长径3.9cm，横径1.6cm，单果重5.0g，果柄长度1.6cm。鲜果紫黑色，酸甜可口，风味好，平均可溶性固形物7.7%，酸度6.8g/L，pH3.9，糖酸比11.4。

叶片

新梢

枝条

果实

挂果枝条

抗选01—10

【资源来源】 由广东省农业科学院蚕业与农产品加工研究所从广东桑杂交后代中选择单株定向培育而成，属广东桑种，现保存于广东省蚕桑种质资源库。

【枝叶特征与栽培特性】 树形稍开展，枝条粗而长，主枝发条数多，侧枝萌发力弱；皮色青褐，节间直，平均节距6.6cm，五列叶序；皮孔大小中等，密，圆形；冬芽卵圆形，棕褐色，大小中等，腹离，副芽数量较少；枝条根源体平，芽褥状态平，叶痕三角形。幼叶花色苷显色弱，顶端叶着生姿态平伸，叶柄着生姿态上举；植株叶片形状全叶，叶面平展，叶心形，中绿色，叶尖长尾状，叶缘细圆齿，叶基浅心形，平均叶长23.5cm，叶幅19.1cm；叶面光滑，光泽性中等，叶面缩皱程度弱，叶柄细长，平均5.2cm。广东省广州市白云区栽培，桑果始熟期3月上中旬，易受微型虫危害，开花期遇雨水多的年份易感菌核病，耐寒性较弱。

【花果性状】 广州市栽培米条总芽数20～23个，平均21.7个；米条坐果芽数17～23个，平均20.3个；坐果率85%～100%，平均94%；米条坐果粒数64～104粒，平均85.0粒；单芽坐果数3～5粒，平均3.9粒。桑果长圆筒形，果形好，平均长径4.6cm，横径1.8cm，单果重5.9g，果柄长度1.1cm。鲜果紫黑色，酸甜可口，风味好，平均可溶性固形物10.0%，酸度6.7g/L，pH4.0，糖酸比15.0。

叶片　新梢　枝条　果实　挂果枝条

抗选01–11

【资源来源】由广东省农业科学院蚕业与农产品加工研究所从广东桑杂交后代中选择单株定向培育而成，属广东桑种，现保存于广东省蚕桑种质资源库。

【枝叶特征与栽培特性】树形稍开展，枝条粗而长，主枝发条数少，侧枝萌发力弱；皮色青褐，节间直，平均节距7.0cm，五列叶序；皮孔大，密，圆形；冬芽长三角形，黄褐色，大，腹离，副芽数量少；枝条根源体微凸，芽褥状态平，叶痕三角形。幼叶花色苷显色弱，顶端叶着生姿态平伸，叶柄着生姿态上举；植株叶片形状全叶，叶面平展，叶心形，深绿色，叶尖短尾状，叶缘粗锯齿，叶基肾形，平均叶长26.0cm，叶幅23.7cm；叶面光滑，光泽性强，叶面缩皱程度弱，叶柄细长，平均6.8cm。广东省广州市白云区栽培，桑果始熟期3月上中旬，易受微型虫危害，开花期遇雨水多的年份易感菌核病，耐寒性较弱。

【花果性状】广州市栽培米条总芽数15 ~ 23个，平均18.2个；米条坐果芽数6 ~ 16个，平均10.0个；坐果率33% ~ 89%，平均55%；米条坐果粒数8 ~ 30粒，平均19.8粒；单芽坐果数1 ~ 2粒，平均1.1粒。桑果长圆筒形，果形好，平均长径4.1cm，横径1.6cm，单果重4.6g，果柄长度1.3cm。鲜果紫黑色，酸甜可口，风味好，平均可溶性固形物11.4%，酸度5.4g/L，pH3.9，糖酸比21.2。

叶片

新梢

枝条

果实

挂果枝条

抗选01—13

【资源来源】由广东省农业科学院蚕业与农产品加工研究所从广东桑杂交后代中选择单株定向培育而成，属广东桑种，现保存于广东省蚕桑种质资源库。

【枝叶特征与栽培特性】树形稍开展，枝条粗而长，主枝发条数多，侧枝萌发力弱；皮色青褐，节间直，平均节距5.2cm，五列叶序；皮孔大，较密，圆形；冬芽长三角形，黄褐色，大小中等，尖离，副芽数量较少；枝条根源体凸，芽褥状态平，叶痕三角形。幼叶花色苷显色弱，顶端叶着生姿态平伸，叶柄着生姿态上举；植株叶片形状全叶，叶面平展，叶长心形，深绿色，叶尖长尾状，叶缘粗圆齿，叶基深心形，平均叶长23.1cm，叶幅20.1cm；叶面光滑，光泽性强，叶面缩皱程度弱，叶柄细长，平均4.4cm。广东省广州市白云区栽培，桑果始熟期3月上中旬，易受微型虫危害，开花期遇雨水多的年份易感菌核病，耐寒性较弱。

【花果性状】广州市栽培米条总芽数24～27个，平均25.3个；米条坐果芽数14～24个，平均19.3个；坐果率54%～100%，平均77%；米条坐果粒数26～56粒，平均41.8粒；单芽坐果数1～2粒，平均1.7粒。桑果短圆筒形，果形好，平均长径3.2cm，横径1.4cm，单果重3.1g，果柄长度1.4cm。鲜果紫黑色，酸甜可口，风味好，平均可溶性固形物7.3%，酸度3.7g/L，pH4.4，糖酸比19.7。

叶片　新梢　枝条　果实　挂果枝条

抗选01—18

【资源来源】由广东省农业科学院蚕业与农产品加工研究所从广东桑杂交后代中选择单株定向培育而成，属广东桑种，现保存于广东省蚕桑种质资源库。

【枝叶特征与栽培特性】树形稍开展，枝条粗度中等而长，主枝发条数多，侧枝萌发力中等；皮色青褐，节间直，平均节距4.9cm，五列叶序；皮孔小，密，圆形；冬芽长三角形，棕褐色，大，腹离，副芽数量较少；枝条根源体微凸，芽褥状态平，叶痕三角形。幼叶花色苷显色无，顶端叶着生姿态平伸，叶柄着生姿态上举；植株叶片形状全叶、裂叶混生，叶面平展，叶心形，中绿色，叶尖长尾状，叶缘粗圆齿，叶基浅心形，平均叶长21.4cm，叶幅18.2cm；叶面光滑，光泽性中等，叶面缩皱程度弱，叶柄细长，平均4.4cm。广东省广州市白云区栽培，桑果始熟期3月上中旬，易受微型虫危害，开花期遇雨水多的年份易感菌核病，耐寒性较弱。

【花果性状】广州市栽培米条总芽数23 ~ 30个，平均26.3个；米条坐果芽数19 ~ 23个，平均21.0个；坐果率70% ~ 96%，平均80.5%；米条坐果粒数96 ~ 125粒，平均108.2粒；单芽坐果数4 ~ 5粒，平均4.1粒。桑果长圆筒形，果形好，平均长径4.1cm，横径1.5cm，单果重3.6g，果柄长度1.3cm。鲜果紫黑色，酸甜可口，风味好，平均可溶性固形物6.3%，酸度6.7g/L，pH4.1，糖酸比9.5。

叶片　新梢　枝条　果实　挂果枝条

抗选01–19

【资源来源】由广东省农业科学院蚕业与农产品加工研究所从广东桑杂交后代中选择单株定向培育而成，属广东桑种，现保存于广东省蚕桑种质资源库。

【枝叶特征与栽培特性】树形稍开展，枝条粗度而长，主枝发条数多，侧枝萌发力弱；皮色青褐，节间直，平均节距6.2cm，五列叶序；皮孔大小中等，密，圆形；冬芽长三角形，棕褐色，大，斜生，副芽数量少；枝条根源体平，芽褥状态平，叶痕三角形。幼叶花色苷显色无，顶端叶着生姿态平伸，叶柄着生姿态上举；植株叶片形状全叶，叶面平展，叶长心形，深绿色，叶尖长尾状，叶缘细圆齿，叶基浅心形，平均叶长24.5cm，叶幅17.2cm；叶面光滑，光泽性强，叶面缩皱程度弱，叶柄细长，平均4.6cm。广东省广州市白云区栽培，桑果始熟期3月上中旬，易受微型虫危害，开花期遇雨水多的年份易感菌核病，耐寒性较弱。

【花果性状】广州市栽培米条总芽数20～27个，平均24.5个；米条坐果芽数18～27个，平均20.7个；坐果率74%～100%，平均85%；米条坐果粒数78～118粒，平均94.2粒；单芽坐果数3～6粒，平均3.9粒。桑果长圆筒形，果形好，平均长径4.1cm，横径1.7cm，单果重4.6g，果柄长度1.7cm。鲜果紫黑色，酸甜可口，风味好，平均可溶性固形物7.7%，酸度5.4g/L，pH4.4，糖酸比14.3。

叶片　新梢　枝条　果实　挂果枝条

抗选01—23

【资源来源】 由广东省农业科学院蚕业与农产品加工研究所从广东桑杂交后代中选择单株定向培育而成，属广东桑种，现保存于广东省蚕桑种质资源库。

【枝叶特征与栽培特性】 树形稍开展，枝条细而长，主枝发条数多，侧枝萌发力弱；皮色青褐，节间直，平均节距4.5cm，五列叶序；皮孔小，较稀，圆形；冬芽长三角形，黄褐色，大，腹离，副芽数量少；枝条根源体平，芽褥状态平，叶痕三角形。幼叶花色苷显色无，顶端叶着生姿态平伸，叶柄着生姿态上举；植株叶片形状全叶，叶面平展，叶长心形，中绿色，叶尖长尾状，叶缘细圆齿，叶基浅心形，平均叶长16.9cm，叶幅14.5cm；叶面光滑，光泽性中等，叶面缩皱程度弱，叶柄细长，平均3.7cm。广东省广州市白云区栽培，桑果始熟期3月上中旬，易受微型虫危害，开花期遇雨水多的年份易感菌核病，耐寒性较弱。

【花果性状】 广州市栽培米条总芽数27 ～ 35个，平均30.3个；米条坐果芽数23 ～ 32个，平均27.0个；坐果率80% ~ 97%，平均89%；米条坐果粒数92 ~ 179粒，平均132.0粒；单芽坐果数3 ~ 5粒，平均4.3粒。桑果短圆筒形，果形好，平均长径2.7cm，横径1.5cm，单果重2.3g，果柄长度1.5cm。鲜果紫黑色，酸甜可口，风味好，平均可溶性固形物6.7%，酸度3.7g/L，pH4.7，糖酸比18.0。

抗选01—27

【资源来源】由广东省农业科学院蚕业与农产品加工研究所从广东桑杂交后代中选择单株定向培育而成，属广东桑种，现保存于广东省蚕桑种质资源库。

【枝叶特征与栽培特性】树形稍开展，枝条粗度中等而长，主枝发条数少，侧枝萌发力弱；皮色青褐，节间直，平均节距5.2cm，五列叶序；皮孔小，密，圆形；冬芽长三角形，棕褐色，大，腹离，副芽数量少；枝条根源体平，芽褥状态平，叶痕三角形。幼叶花色苷显色无，顶端叶着生姿态平伸，叶柄着生姿态上举；植株叶片形状全叶、裂叶混生，叶面平展，全叶心形，中绿色，叶尖长尾状，叶缘粗圆齿，叶基深心形，平均叶长24.0cm，叶幅19.4cm；叶面光滑，光泽性中等，叶面缩皱程度弱，叶柄细长，平均5.4cm。广东省广州市白云区栽培，桑果始熟期3月上中旬，易受微型虫危害，开花期遇雨水多的年份易感菌核病，耐寒性较弱。

【花果性状】广州市栽培米条总芽数27～35个，平均30.3个；米条坐果芽数23～32个，平均27.0个；坐果率80%～97%，平均89%；米条坐果粒数92～179粒，平均132.0粒；单芽坐果数3～5粒，平均4.3粒。桑果长圆筒形，果形好，平均长径4.1cm，横径1.3cm，单果重3.7g，果柄长度1.2cm。鲜果紫黑色，酸甜可口，风味好，平均可溶性固形物7.9%，酸度5.9g/L，pH4.0，糖酸比13.4。

叶片　新梢　枝条　果实　挂果枝条

抗选01—28

【资源来源】由广东省农业科学院蚕业与农产品加工研究所从广东桑杂交后代中选择单株定向培育而成，属广东桑种，现保存于广东省蚕桑种质资源库。

【枝叶特征与栽培特性】树形稍开展，枝条粗而长，主枝发条数少，侧枝萌发力弱；皮色青褐，节间直，平均节距5.2cm，八列叶序；皮孔大，较稀，圆形；冬芽长三角形，紫褐色，大，腹离，副芽无；枝条根源体平，芽褥状态平，叶痕三角形。幼叶花色苷显色无，顶端叶着生姿态平伸，叶柄着生姿态上举；植株叶片形状全叶、裂叶混生，叶面平展，全叶心形，深绿色，叶尖长尾状，叶缘粗锯齿，叶基浅心形，平均叶长21.5cm，叶幅17.9cm；叶面光滑，光泽性中等，叶面缩皱程度弱，叶柄细长，平均5.5cm。广东省广州市白云区栽培，桑果始熟期3月上中旬，易受微型虫危害，开花期遇雨水多的年份易感菌核病，耐寒性较弱。

【花果性状】广州市栽培米条总芽数28 ~ 38个，平均33.7个；米条坐果芽数26 ~ 34个，平均31.0个；坐果率79% ~ 97%，平均92%；米条坐果粒数107 ~ 151粒，平均124.5粒；单芽坐果数3 ~ 4粒，平均3.7粒。桑果长圆筒形，果形好，平均长径4.3cm，横径1.6cm，单果重4.8g，果柄长度0.9cm。鲜果紫黑色，酸甜可口，风味好，平均可溶性固形物5.9%，酸度5.8g/L，pH3.8，糖酸比10.2。

叶片　新梢　枝条

果实　挂果枝条

抗选01—29

【资源来源】由广东省农业科学院蚕业与农产品加工研究所从广东桑杂交后代中选择单株定向培育而成，属广东桑种，现保存于广东省蚕桑种质资源库。

【枝叶特征与栽培特性】树形稍开展，枝条粗度中等而长，主枝发条数多，侧枝萌发力弱；皮色青褐，节间直，平均节距5.5cm，五列叶序；皮孔小，较密，圆形；冬芽正三角形，棕褐色，大，腹离，副芽数量较少；枝条根源体平，芽褥状态平，叶痕三角形。幼叶花色苷显色无，顶端叶着生姿态平伸，叶柄着生姿态上举；植株叶片形状全叶，叶面平展，叶心形，深绿色，叶尖长尾状，叶缘粗圆齿，叶基深心形，平均叶长22.5cm，叶幅18.7cm；叶面光滑，光泽性中等，叶面缩皱程度弱，叶柄细长，平均5.8cm。广东省广州市白云区栽培，桑果始熟期3月上中旬，易受微型虫危害，开花期遇雨水多的年份易感菌核病，耐寒性较弱。

【花果性状】广州市栽培米条总芽数26～31个，平均28.3个；米条坐果芽数16～21个，平均18.5个；坐果率59%～75%，平均65%；米条坐果粒数56～87粒，平均73.8粒；单芽坐果数2～3粒，平均2.6粒。桑果长圆筒形，果形好，平均长径3.9cm，横径1.5cm，单果重3.8g，果柄长度1.1cm。鲜果紫黑色，酸甜可口，风味好，平均可溶性固形物6.7%，酸度6.1g/L，pH3.9，糖酸比10.9。

叶片　新梢　枝条
果实　挂果枝条

抗选01—31

【资源来源】 由广东省农业科学院蚕业与农产品加工研究所从广东桑杂交后代中选择单株定向培育而成，属广东桑种，现保存于广东省蚕桑种质资源库。

【枝叶特征与栽培特性】 树形稍开展，枝条细而长，主枝发条数多，侧枝萌发力弱；皮色棕褐，节间直，平均节距5.4cm，五列叶序；皮孔大小中等，较稀，圆形；冬芽长三角形，黄褐色，大，尖离，副芽数量较少；枝条根源体平，芽褥状态凸，叶痕半圆形。幼叶花色苷显色无，顶端叶着生姿态平伸，叶柄着生姿态上举；植株叶片形状全叶，叶面平展，叶长心形，中绿色，叶尖长尾状，叶缘粗锯齿，叶基截形，平均叶长21.0cm，叶幅16.1cm；叶面光滑，光泽性强，叶面缩皱程度弱，叶柄细长，平均8.4cm。广东省广州市白云区栽培，桑果始熟期3月上中旬，易受微型虫危害，开花期遇雨水多的年份易感菌核病，耐寒性较弱。

【花果性状】 广州市栽培米条总芽数19 ~ 28个，平均24.5个；米条坐果芽数18 ~ 21个，平均19.8个；坐果率70% ~ 95%，平均82%；米条坐果粒数48 ~ 70粒，平均57.0粒；单芽坐果数2 ~ 3粒，平均2.4粒。桑果中圆筒形，果形好，平均长径3.6cm，横径1.3cm，单果重3.1g，果柄长度1.4cm。鲜果紫黑色，酸甜可口，风味好，平均可溶性固形物8.1%，酸度5.0g/L，pH4.2，糖酸比16.2。

叶片　新梢　枝条　果实　挂果枝条

抗选601

【资源来源】由广东省农业科学院蚕业与农产品加工研究所从广东桑杂交后代中选择单株定向培育而成，属广东桑种，现保存于广东省蚕桑种质资源库。

【枝叶特征与栽培特性】树形稍开展，枝条粗度中等而长，主枝发条数少，侧枝萌发力弱；皮色棕褐，节间直，平均节距4.7cm，五列叶序；皮孔大小中等，较稀，椭圆形；冬芽长三角形，棕褐色，大小中等，腹离，副芽数量较多；枝条根源体微凸，芽褥状态平，叶痕三角形。幼叶花色苷显色中等，顶端叶着生姿态平伸，叶柄着生姿态上举；植株叶片形状全叶，叶面平展，叶长心形，深绿色，叶尖长尾状，叶缘细圆齿，叶基深心形，平均叶长24.7cm，叶幅17.7cm；叶面光滑，光泽性强，叶面缩皱程度强，叶柄细长，平均7.2cm。广东省广州市白云区栽培，桑果始熟期3月中旬，易受微型虫危害，开花期遇雨水多的年份易感菌核病，耐寒性较弱。

【花果性状】广州市栽培米条总芽数20 ~ 33个，平均27.0个；米条坐果芽数8 ~ 29个，平均22.7个；坐果率40% ~ 100%，平均84%；米条坐果粒数17 ~ 124粒，平均77.7粒；单芽坐果数1 ~ 5粒，平均2.9粒。桑果中圆筒形，果形好，平均长径3.8cm，横径1.5cm，单果重5.1g，果柄长度0.7cm。鲜果紫黑色，酸甜可口，风味好，平均可溶性固形物18.4%，酸度7.5g/L，pH3.9，糖酸比24.5。

叶片

新梢

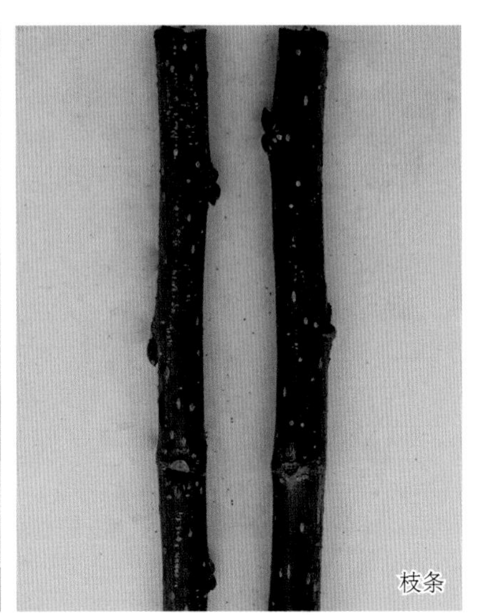
枝条

果实

挂果枝条

抗选605

【资源来源】由广东省农业科学院蚕业与农产品加工研究所从广东桑杂交后代中选择单株定向培育而成，属广东桑种，现保存于广东省蚕桑种质资源库。

【枝叶特征与栽培特性】树形稍开展，枝条细而长，主枝发条数多，侧枝萌发力弱；皮色青褐，节间直，平均节距5.6cm，五列叶序；皮孔小，较密，圆形；冬芽长三角形，黄褐色，大，尖离，副芽数量较少；枝条根源体微凸，芽褥状态微凸，叶痕三角形。幼叶花色苷显色无，顶端叶着生姿态平伸，叶柄着生姿态上举；植株叶片形状全叶、裂叶混生，叶面平展，全叶心形，中绿色，叶尖长尾状，叶缘细圆齿，叶基浅心形，平均叶长21.2cm，叶幅17.5cm；叶面光滑，光泽性中等，叶面缩皱程度弱，叶柄细长，平均5.1cm。广东省广州市白云区栽培，桑果始熟期3月上中旬，易受微型虫危害，开花期遇雨水多的年份易感菌核病，耐寒性较弱。

【花果性状】广州市栽培米条总芽数23～31个，平均26.0个；米条坐果芽数20～26个，平均22.8个；坐果率68%～96%，平均89%；米条坐果粒数111～127粒，平均119.0粒；单芽坐果数4～5粒，平均4.6粒。桑果短圆筒形，果形好，平均长径3.2cm，横径1.4cm，单果重2.7g，果柄长度1.1cm。鲜果紫黑色，酸甜可口，风味好，平均可溶性固形物8.3%，酸度6.0g/L，pH4.0，糖酸比13.8。

叶片　新梢　枝条　果实　挂果枝条

抗选608

【资源来源】由广东省农业科学院蚕业与农产品加工研究所从广东桑杂交后代中选择单株定向培育而成，属广东桑种，现保存于广东省蚕桑种质资源库。

【枝叶特征与栽培特性】树形稍开展，枝条粗度中等而长，主枝发条数少，侧枝萌发力弱；皮色青褐，节间直，平均节距5.5cm，八列叶序；皮孔大小中等，较密，圆形；冬芽长三角形，黄褐色，大，尖离，副芽无；枝条根源体平，芽褥状态平，叶痕三角形。幼叶花色苷显色弱，顶端叶着生姿态平伸，叶柄着生姿态上举；植株叶片形状全叶，叶面平展，叶长心形，中绿色，叶尖短尾状，叶缘粗圆齿，叶基深心形，平均叶长21.7cm，叶幅19.6cm；叶面光滑，光泽性强，叶面缩皱程度弱，叶柄细长，平均6.8cm。广东省广州市白云区栽培，桑果始熟期3月上中旬，易受微型虫危害，开花期遇雨水多的年份易感菌核病，耐寒性较弱。

【花果性状】广州市栽培米条总芽数26 ~ 28个，平均27.0个；米条坐果芽数8 ~ 18个，平均11.7个；坐果率30% ~ 67%，平均43%；米条坐果粒数23 ~ 81粒，平均44.0粒；单芽坐果数1 ~ 3粒，平均1.6粒。桑果长圆筒形，果形好，平均长径4.5cm，横径1.6cm，单果重5.2g，果柄长度1.8cm。鲜果紫黑色，酸甜可口，风味好，平均可溶性固形物7.3%，酸度5.9g/L，pH4.0，糖酸比12.4。

叶片

新梢

枝条

果实

挂果枝条

伦41

【资源来源】由广东省农业科学院蚕业与农产品加工研究所从广东桑杂交后代中选择单株定向培育而成，属广东桑种，现保存于广东省蚕桑种质资源库。

【枝叶特征与栽培特性】树形稍开展，枝条细而长，主枝发条数少，侧枝萌发力弱；皮色棕褐，节间曲，平均节距5.5cm，五列叶序；皮孔小，较稀，椭圆形；冬芽长三角形，紫褐色，小，尖离，副芽数量较少；枝条根源体微凸，芽褥状态微凸，叶痕半圆形。幼叶花色苷显色弱，顶端叶着生姿态平伸，叶柄着生姿态上举；植株叶片形状全叶，叶面平展，叶长心形，深绿色，叶尖长尾状，叶缘细圆齿，叶基深心形，平均叶长22.6cm，叶幅20.5cm；叶面光滑，光泽性强，叶面缩皱程度中弱，叶柄细长，平均3.6cm。广东省广州市白云区栽培，桑果始熟期3月上中旬，易受微型虫危害，开花期遇雨水多的年份易感菌核病，耐寒性较弱。

【花果性状】广州市栽培米条总芽数18～25个，平均21.3个；米条坐果芽数17～25个，平均20.5个；坐果率94%～100%，平均96%；米条坐果粒数58～86粒，平均72.7粒；单芽坐果数1～4粒，平均3.4粒。桑果短圆筒形，果形好，平均长径3.0cm，横径1.4cm，单果重3.7g，果柄长度0.9cm。鲜果紫黑色，酸甜可口，风味好，平均可溶性固形物16.9%，酸度16.0g/L，pH3.2，糖酸比10.6。

叶片　新梢　枝条　果实　挂果枝条

伦白3

【资源来源】由广东省农业科学院蚕业与农产品加工研究所从广东桑与白桑杂交后代中选择单株定向培育而成，现保存于广东省蚕桑种质资源库。

【枝叶特征与栽培特性】树形稍开展，枝条粗度中等而长，主枝发条数多，侧枝萌发力强；皮色棕褐，节间直，平均节距4.3cm，五列叶序；皮孔大小中等，密，圆形；冬芽长三角形，棕褐色，大小中等，尖离，副芽数量少；枝条根源体平，芽褥状态平，叶痕三角形。幼叶花色苷显色弱，顶端叶着生姿态平伸，叶柄着生姿态上举；植株叶片形状全叶，叶面平展，叶长心形，浅绿色，叶尖长尾状，叶缘细圆齿，叶基浅心形，平均叶长16.6cm，叶幅13.0cm；叶面光滑，光泽性中等，叶面缩皱程度弱，叶柄细长，平均4.0cm。广东省广州市天河区栽培，桑果始熟期3月中旬，易受微型虫危害，开花期遇雨水多的年份易感菌核病，耐寒性较弱。

【花果性状】广州市栽培米条总芽数28 ~ 36个，平均32.3个；米条坐果芽数20 ~ 29个，平均24.7个；坐果率61% ~ 85%，平均76.3%；米条坐果粒数69 ~ 103粒，平均85.5粒；单芽坐果数2 ~ 3粒，平均2.6粒。桑果短圆筒形，果形好，平均长径2.5cm，横径1.4cm，单果重2.3g，果柄长度0.6cm。鲜果紫粉色，清甜可口，风味好，平均可溶性固形物9.8%，酸度1.0g/L，pH5.8，糖酸比95.7。

叶片

新梢

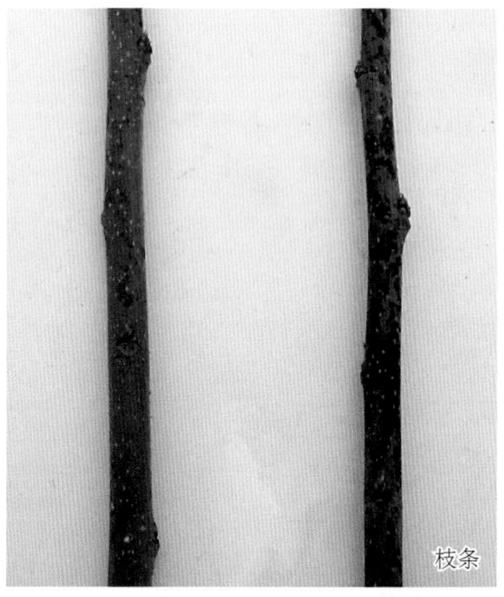
枝条

果实

挂果枝条

伦白4

【资源来源】由广东省农业科学院蚕业与农产品加工研究所从广东桑与白桑杂交后代中选择单株定向培育而成，现保存于广东省蚕桑种质资源库。

【枝叶特征与栽培特性】树形稍开展，枝条粗度中等而长，主枝发条数多，侧枝萌发力弱；皮色黄褐，节间直，平均节距5.0cm，八列叶序；皮孔大，较密，圆形；冬芽正三角形，棕褐色，大小中等，贴生，副芽数量较少；枝条根源体凸，芽褥状态微凸，叶痕三角形。幼叶花色苷显色弱，顶端叶着生姿态平伸，叶柄着生姿态上举；植株叶片形状全叶，叶面平展，叶长心形，中绿色，叶尖长尾状，叶缘细圆齿，叶基浅心形，平均叶长16.3cm，叶幅12.7cm；叶面光滑，光泽性中等，叶面缩皱程度弱，叶柄细长，平均4.3cm。广东省广州市天河区栽培，桑果始熟期3月中旬，易受微型虫危害，开花期遇雨水多的年份易感菌核病，耐寒性较弱。

【花果性状】广州市栽培米条总芽数27～39个，平均32.8个；米条坐果芽数26～35个，平均30.5个；坐果率84%～100%，平均92.9%；米条坐果粒数140～175粒，平均159.0粒；单芽坐果数4～5粒，平均4.8粒。桑果短圆筒形，果形好，平均长径2.3cm，横径1.5cm，单果重2.1g，果柄长度0.4cm。鲜果紫粉色，清甜可口，风味好，平均可溶性固形物7.8%，酸度1.4g/L，pH5.7，糖酸比55.4。

叶片

新梢

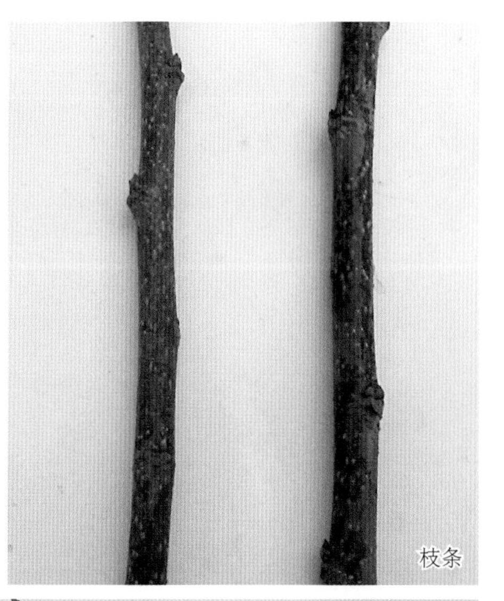
枝条

果实

挂果枝条

伦白6

【资源来源】由广东省农业科学院蚕业与农产品加工研究所从广东桑与白桑杂交后代中选择单株定向培育而成，现保存于广东省蚕桑种质资源库。

【枝叶特征与栽培特性】树形稍开展，枝条粗度中等而长，主枝发条数多，侧枝萌发力强；皮色棕褐，节间直，平均节距4.9cm，五列叶序；皮孔大小中等，密，圆形；冬芽长三角形，棕褐色，小，贴生，副芽数量少；枝条根源体平，芽褥状态平，叶痕三角形。幼叶花色苷显色弱，顶端叶着生姿态平伸，叶柄着生姿态上举；植株叶片形状全叶，叶面平展，叶长心形，中绿色，叶尖长尾状，叶缘粗圆齿，叶基浅心形，平均叶长16.8cm，叶幅12.1cm；叶面光滑，光泽性中等，叶面缩皱程度弱，叶柄细长，平均4.8cm。广东省广州市天河区栽培，桑果始熟期3月中旬，易受微型虫危害，开花期遇雨水多的年份易感菌核病，耐寒性较弱。

【花果性状】广州市栽培米条总芽数27 ~ 38个，平均31.7个；米条坐果芽数19 ~ 35个，平均25.8个；坐果率71% ~ 93%，平均81.6%；米条坐果粒数50 ~ 104粒，平均71.0粒；单芽坐果数2 ~ 3粒，平均2.2粒。桑果短圆筒形，果形好，平均长径2.7cm，横径1.5cm，单果重3.6g，果柄长度0.7cm。鲜果紫粉色，清甜可口，风味好，平均可溶性固形物11.4%，酸度1.3g/L，pH5.9，糖酸比89.1。

叶片　新梢　枝条　果实　挂果枝条

伦白7

【资源来源】由广东省农业科学院蚕业与农产品加工研究所从广东桑与白桑杂交后代中选择单株定向培育而成，现保存于广东省蚕桑种质资源库。

【枝叶特征与栽培特性】树形稍开展，枝条粗度中等而长，主枝发条数多，侧枝萌发力强；皮色棕褐，节间直，平均节距4.4cm，八列叶序；皮孔大小中等，密，圆形；冬芽长三角形，棕褐色，小，贴生，副芽数量少；枝条根源体平，芽褥状态平，叶痕三角形。幼叶花色苷显色弱，顶端叶着生姿态平伸，叶柄着生姿态上举；植株叶片形状全叶，叶面平展，叶长心形，浅绿色，叶尖长尾状，叶缘粗圆齿，叶基浅心形，平均叶长17.4cm，叶幅12.6cm；叶面光滑，光泽性中等，叶面缩皱程度弱，叶柄细长，平均5.2cm。广东省广州市天河区栽培，桑果始熟期3月中旬，易受微型虫危害，开花期遇雨水多的年份易感菌核病，耐寒性较弱。

【花果性状】广州市栽培米条总芽数31 ~ 40个，平均37.0个；米条坐果芽数20 ~ 39个，平均30.7个；坐果率65% ~ 98%，平均82.9%；米条坐果粒数45 ~ 139粒，平均90.0粒；单芽坐果数1 ~ 3粒，平均2.4粒。桑果短圆筒形，果形好，平均长径2.8cm，横径1.6cm，单果重3.4g，果柄长度0.7cm。鲜果紫粉色，清甜可口，风味好，平均可溶性固形物9.0%，酸度1.4g/L，pH5.9，糖酸比63.9。

叶片

新梢

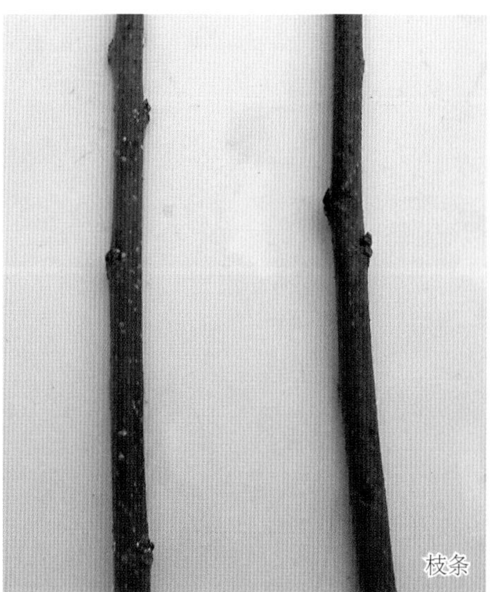
枝条

果实

挂果枝条

湛08

【资源来源】由广东省农业科学院蚕业与农产品加工研究所从广东桑杂交后代中选择单株定向培育而成，属广东桑种，现保存于广东省蚕桑种质资源库。

【枝叶特征与栽培特性】树形稍开展，枝条粗度中等而长，主枝发条数少，侧枝萌发力强；皮色赤褐，节间直，平均节距5.6cm，五列叶序；皮孔大，较稀，椭圆形；冬芽长三角形，棕褐色，大小中等，尖离，副芽数量较少；枝条根源体微凸，芽褥状态平，叶痕半圆形。幼叶花色苷显色无，顶端叶着生姿态平伸，叶柄着生姿态上举；植株叶片形状裂叶，叶面平展，中绿色，叶尖长尾状，叶缘粗圆齿，叶基深心形，平均叶长17.4cm，叶幅13.8cm；叶面光滑，光泽性中等，叶面缩皱程度中等，叶柄细长，平均4.1cm。广东省广州市白云区栽培，桑果始熟期3月上旬，易受微型虫危害，开花期遇雨水多的年份易感菌核病，耐寒性较弱。

【花果性状】广州市栽培米条总芽数13 ~ 26个，平均20.0个；米条坐果芽数6 ~ 20个，平均9.5个；坐果率29% ~ 77%，平均47%；米条坐果粒数12 ~ 43粒，平均23.5粒；单芽坐果数1 ~ 2粒，平均1.2粒。桑果短圆筒形，果形好，平均长径1.9cm，横径1.0cm，单果重1.5g，果柄长度0.7cm。鲜果紫黑色，酸甜可口，风味好，平均可溶性固形物11.2%，酸度6.0g/L，pH4.0，糖酸比18.5。

叶片

新梢

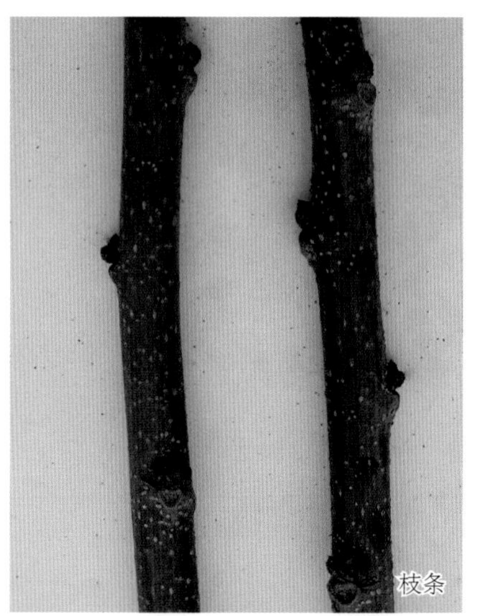
枝条

果实

挂果枝条

五、地方资源

北东3

【资源来源】由广东省农业科学院蚕业与农产品加工研究所从广东省收集的地方种质资源，属广东桑种，现保存于广东省蚕桑种质资源库。

【枝叶特征与栽培特性】树形稍开展，枝条细而长，主枝发条数少，侧枝萌发力弱；皮色棕褐，节间直，平均节距5.3cm，八列叶序；皮孔大小中等，较稀，圆形；冬芽长三角形，棕褐色，小，腹离，副芽数量少；枝条根源体凸，芽褥状态微凸，叶痕半圆形。幼叶花色苷显色无，顶端叶着生姿态斜上，叶柄着生姿态上举；植株叶片形状全叶，叶面平展，叶长心形，浅绿色，叶尖长尾状，叶缘细锯齿，叶基浅心形，平均叶长15.7cm，叶幅11.1cm；叶面光滑，光泽性中等，叶面缩皱程度弱，叶柄细长，平均3.6cm。广东省广州市天河区栽培，桑果始熟期3月上中旬，易受微型虫危害，开花期遇雨水多的年份易感菌核病，耐寒性较弱。

【花果性状】广州市栽培米条总芽数21 ~ 31个，平均23.7个；米条坐果芽数16 ~ 30个，平均21.5个；坐果率73% ~ 100%，平均90.8%；米条坐果粒数50 ~ 132粒，平均94.7粒；单芽坐果数2 ~ 5粒，平均4.0粒。桑果短圆筒形，果形好，平均长径3.3cm，横径1.4cm，单果重3.5g，果柄长度1.7cm。鲜果紫黑色，酸甜可口，风味好，平均可溶性固形物5.8%，酸度6.0g/L，pH4.2，糖酸比9.6。

叶片　新梢　枝条

果实　挂果枝条

春牛24

【资源来源】由广东省农业科学院蚕业与农产品加工研究所从广东省收集的地方种质资源，属广东桑种，现保存于广东省蚕桑种质资源库。

【枝叶特征与栽培特性】树形稍开展，枝条细而长，主枝发条数多，侧枝萌发力中等；皮色棕褐，节间直，平均节距3.4cm，五列叶序；皮孔小，较稀，圆形；冬芽长三角形，赤褐色，小，腹离，副芽数量少；枝条根源体微凸，芽褥状态平，叶痕三角形。幼叶花色苷显色无，顶端叶着生姿态平伸，叶柄着生姿态上举；植株叶片形状全叶、裂叶混生，叶面平展，全叶心形，中绿色，叶尖长尾状，叶缘粗圆齿，叶基深心形，平均叶长14.1cm，叶幅11.9cm；叶面光滑，光泽性中等，叶面缩皱程度中弱，叶柄细长，平均4.8cm。广东省广州市天河区栽培，桑果始熟期3月上中旬，易受微型虫危害，开花期遇雨水多的年份易感菌核病，耐寒性较弱。

【花果性状】广州市栽培米条总芽数27 ~ 36个，平均30.7个；米条坐果芽数22 ~ 33个，平均27.0个；坐果率73% ~ 93%，平均86.0%；米条坐果粒数76 ~ 134粒，平均111.8粒；单芽坐果数2 ~ 5粒，平均3.6粒。桑果中圆筒形，果形好，平均长径3.9cm，横径1.6cm，单果重4.7g，果柄长度1.2cm。鲜果紫黑色，酸甜可口，风味好，平均可溶性固形物9.2%，酸度4.6g/L，pH4.6，糖酸比20.0。

叶片

新梢

枝条

果实

挂果枝条

春牛25

【资源来源】由广东省农业科学院蚕业与农产品加工研究所从广东省收集的地方种质资源，属广东桑种，现保存于广东省蚕桑种质资源库。

【枝叶特征与栽培特性】树形稍开展，枝条粗而长，主枝发条数多，侧枝萌发力强；皮色青褐，节间直，平均节距3.9cm，五列叶序；皮孔大，较密，圆形；冬芽长三角形，灰褐色，大小中等，贴生，副芽数量较少 ；枝条根源体微凸，芽褥状态平，叶痕三角形。幼叶花色苷显色强，顶端叶着生姿态平伸，叶柄着生姿态上举；植株叶片形状全叶、裂叶混生，叶面平展，全叶长心形，浅绿色，叶尖长尾状，叶缘细圆齿，叶基浅心形，平均叶长15.1cm，叶幅11.5cm；叶面光滑，光泽性弱，叶面缩皱程度弱，叶柄细长，平均3.8cm。广东省广州市白云区栽培，桑果始熟期3月上中旬，易受微型虫危害，开花期遇雨水多的年份易感菌核病，耐寒性较弱。

【花果性状】广州市栽培米条总芽数29 ~ 38个，平均32.8个；米条坐果芽数4 ~ 24个，平均14.0个；坐果率13% ~ 73%，平均43%；米条坐果粒数9 ~ 75粒，平均37.3粒；单芽坐果数1 ~ 2粒，平均1.1粒。桑果中圆筒形，果形好，平均长径3.5cm，横径1.4cm，单果重2.9g，果柄长度1.4cm。鲜果紫黑色，酸甜可口，风味好，平均可溶性固形物10.1%，酸度2.3g/L，pH5.2，糖酸比43.8。

大寺5

【资源来源】 由广东省农业科学院蚕业与农产品加工研究所从广西壮族自治区收集的地方种质资源，属广东桑种，现保存于广东省蚕桑种质资源库。

【枝叶特征与栽培特性】 树形稍开展，枝条细而长，主枝发条数多，侧枝萌发力中等；皮色青褐，节间直，平均节距5.4cm，五列叶序；皮孔小，较稀，圆形；冬芽长三角形，黄褐色，小，尖离，副芽数量较多；枝条根源体微凸，芽褥凸，叶痕三角形。幼叶花色苷显色无，顶端叶着生姿态平伸，叶柄着生姿态上举；植株叶片形状裂叶，叶面平展，浅绿色，叶尖长尾状，叶缘细圆齿，叶基截形，平均叶长13.8cm，叶幅10.3cm；叶面光滑，光泽性弱，叶面缩皱程度弱，叶柄细长，平均2.6cm。广东省广州市白云区栽培，桑果始熟期3月上中旬，易受微型虫危害，开花期遇雨水多的年份易感菌核病，耐寒性较弱。

【花果性状】 广州市栽培米条总芽数25～40个，平均33.5个；米条坐果芽数21～32个，平均27.0个；坐果率76%～85%，平均80.6%；米条坐果粒数50～98粒，平均74.5粒；单芽坐果数2～3粒，平均2.2粒。桑果短圆筒形，果形好，平均长径2.7cm，横径1.5cm，单果重2.1g，果柄长度1.6cm。鲜果紫黑色，酸甜可口，风味好，平均可溶性固形物4.1%，酸度2.8g/L，pH4.6，糖酸比14.6。

叶片　新梢　枝条

果实　挂果枝条

高州鸡桑

【资源来源】由广东省农业科学院蚕业与农产品加工研究所从广东省收集的地方种质资源，属鸡桑种，现保存于广东省蚕桑种质资源库。

【枝叶特征与栽培特性】树形稍开展，枝条粗而长，主枝发条数多，侧枝萌发力强；皮色棕褐，节间直，平均节距4.3cm，五列叶序；皮孔大小中等，较稀，椭圆形；冬芽长三角形，棕褐色，小，尖离，副芽数量较多；枝条根源体微凸，芽褥状态平，叶痕三角形。幼叶花色苷无显色，顶端叶着生姿态平伸，叶柄着生姿态上举；植株叶片形状全叶、裂叶混生，叶面平展，叶长心形，深绿色，叶尖长尾状，叶缘细锯齿，叶基浅心形，平均叶长13.7cm，叶幅10.4cm；叶面光滑，光泽性强，叶面缩皱程度弱，叶柄细长，平均5.4cm。广东省广州市天河区栽培，桑果始熟期3月中旬，易受微型虫危害，开花期遇雨水多的年份易感菌核病，耐寒性较弱。

【花果性状】广州市栽培米条总芽数15～29个，平均22.7个；米条坐果芽数9～21个，平均14.5个；坐果率50%～81%，平均64.0%；米条坐果粒数31～74粒，平均55.5粒；单芽坐果数2～3粒，平均2.4粒。桑果短圆筒形，果形好，平均长径2.3cm，横径1.0cm，单果重1.2g，果柄长度0.6cm。鲜果紫黑色，口感偏酸，平均可溶性固形物16.6%，酸度52.9g/L，pH3.8，糖酸比3.1。

叶片

新梢

枝条

果实

挂果枝条

高州糠桑

【资源来源】由广东省农业科学院蚕业与农产品加工研究所从广东省收集的地方种质资源，属广东桑种，现保存于广东省蚕桑种质资源库。

【枝叶特征与栽培特性】树形稍开展，枝条细而长，主枝发条数少，侧枝萌发力中等；皮色棕褐，节间曲，平均节距4.5cm，五列叶序；皮孔小，较稀，圆形；冬芽长三角形，黄褐色，小，腹离，副芽数量较少；枝条根源体平，芽褥状态微凸，叶痕三角形。幼叶花色苷显色无，顶端叶着生姿态斜上，叶柄着生姿态上举；植株叶片形状全叶、裂叶混生，叶面平展，全叶卵形，中绿色，叶尖长尾状，叶缘粗圆齿，叶基截形，平均叶长17.0cm，叶幅12.3cm；叶面光滑，光泽性中等，叶面缩皱程度弱，叶柄细长，平均3.1cm。广东省广州市白云区栽培，桑果始熟期3月上中旬，易受微型虫危害，开花期遇雨水多的年份易感菌核病，耐寒性较弱。

【花果性状】广州市栽培米条总芽数22～33个，平均27.3个；米条坐果芽数18～33个，平均23.3个；坐果率67%～100%，平均85.4%；米条坐果粒数100～191粒，平均129.7粒；单芽坐果数4～6粒，平均4.7粒。桑果短圆筒形，果形好，平均长径3.0cm，横径1.6cm，单果重3.3g，果柄长度0.9cm。鲜果紫黑色，风味甜酸，平均可溶性固形物6.9%，酸度9.3g/L，pH3.8，糖酸比7.4。

叶片　新梢　枝条　果实　挂果枝条

红骨油桑

【资源来源】由广东省农业科学院蚕业与农产品加工研究所从广东省收集的地方种质资源，属广东桑种，现保存于广东省蚕桑种质资源库。

【枝叶特征与栽培特性】树形稍开展，枝条细而长，主枝发条数多，侧枝萌发力中等；皮色赤褐，节间直，平均节距4.7cm，八列叶序；皮孔大，较密，圆形；冬芽正三角形，棕褐色，大小中等，贴生，副芽数量少；枝条根源体平，芽褥状态平，叶痕半圆形。幼叶花色苷显色无，顶端叶着生姿态平伸，叶柄着生姿态上举；植株叶片形状全叶、裂叶混生，叶面平展，全叶长心形，浅绿色，叶尖长尾状，叶缘细圆齿，叶基截形，平均叶长19.2cm，叶幅14.0cm；叶面光滑，光泽性弱，叶面缩皱程度弱，叶柄细长，平均4.4cm。广东省广州市白云区栽培，桑果始熟期3月上中旬，易受微型虫危害，开花期遇雨水多的年份易感菌核病，耐寒性较弱。

【花果性状】广州市栽培米条总芽数28 ~ 35个，平均31.5个；米条坐果芽数24 ~ 31个，平均27.2个；坐果率75% ~ 97%，平均86.5%；米条坐果粒数87 ~ 141粒，平均118.0粒；单芽坐果数3 ~ 4粒，平均3.7粒。桑果短圆筒形，果形好，平均长径3.0cm，横径1.3cm，单果重3.5g，果柄长度0.9cm。鲜果紫黑色，酸甜可口，风味好，平均可溶性固形物5.6%，酸度7.0g/L，pH3.9，糖酸比8.0。

湖北荆桑

【资源来源】由广东省农业科学院蚕业与农产品加工研究所从湖北省收集的地方种质资源，属鲁桑种，现保存于广东省蚕桑种质资源库。

【枝叶特征与栽培特性】树形稍开展，枝条粗度中等而长，主枝发条数少，侧枝萌发力强；皮色青褐，节间直，平均节距5.0cm，五列叶序；皮孔大小中等，较稀，圆形；冬芽长三角形，黄褐色，小，腹离，副芽数量少；枝条根源体平，芽褥状态微凸，叶痕半圆形。幼叶花色苷显色无，顶端叶着生姿态平伸，叶柄着生姿态上举；植株叶片形状全叶、裂叶混生，叶面平展，全叶长心形，浅绿色，叶尖长尾状，叶缘细锯齿，叶基浅心形，平均叶长14.6cm，叶幅10.9cm；叶面光滑，光泽性弱，叶面缩皱程度弱，叶柄细长，平均3.0cm。广东省广州市白云区栽培，桑果始熟期3月上中旬，易受微型虫危害，开花期遇雨水多的年份易感菌核病，耐寒性较弱。

【花果性状】广州市栽培米条总芽数24 ~ 27个，平均25.7个；米条坐果芽数24 ~ 27个，平均25.0个；坐果率89% ~ 100%，平均97.5%；米条坐果粒数103 ~ 192粒，平均154.8粒；单芽坐果数4 ~ 7粒，平均6.1粒。桑果短圆筒形，果形好，平均长径2.5cm，横径1.2cm，单果重1.5g，果柄长度0.8cm。鲜果紫黑色，酸甜可口，风味好，平均可溶性固形物9.2%，酸度7.3g/L，pH3.8，糖酸比12.6。

叶片

新梢

枝条

果实

挂果枝条

化场1

【资源来源】由广东省农业科学院蚕业与农产品加工研究所从广东省收集的地方种质资源，属广东桑种，现保存于广东省蚕桑种质资源库。

【枝叶特征与栽培特性】树形稍开展，枝条细而长，主枝发条数多，侧枝萌发力强；皮色青褐，节间直，平均节距5.3cm，五列叶序；皮孔小，较稀，圆形；冬芽正三角形，黄褐色，小，尖离，副芽数量较多；枝条根源体平，芽褥状态微凸，叶痕三角形。幼叶花色苷显色无，顶端叶着生姿态平伸，叶柄着生姿态上举；植株叶片形状全叶，叶面平展，叶心形，深绿色，叶尖长尾状，叶缘粗圆齿，叶基浅心形，平均叶长21.7cm，叶幅16.6cm；叶面光滑，光泽性强，叶面缩皱程度弱，叶柄细长，平均4.2cm。广东省广州市白云区栽培，桑果始熟期3月上中旬，易受微型虫危害，开花期遇雨水多的年份易感菌核病，耐寒性较弱。

【花果性状】广州市栽培米条总芽数20 ~ 28个，平均24.3个；米条坐果芽数15 ~ 25个，平均18.8；坐果率68% ~ 89%，平均77.4%；米条坐果粒数70 ~ 146，平均97.5；单芽坐果数3 ~ 5粒，平均4.0粒。桑果短圆筒形，果形好，平均长径2.5cm，横径1.4cm，单果重2.6g，果柄长度0.7cm。鲜果紫黑色，酸甜可口，风味好，平均可溶性固形物6.4%，酸度7.7g/L，pH3.8，糖酸比8.3。

惠秋2

【资源来源】由广东省农业科学院蚕业与农产品加工研究所从广东省收集的地方种质资源，属广东桑种，现保存于广东省蚕桑种质资源库。

【枝叶特征与栽培特性】树形稍开展，枝条细而长，主枝发条数多，侧枝萌发力强；皮色青褐，节间直，平均节距6.3cm，五列叶序；皮孔大小中等，较稀，椭圆形；冬芽长三角形，棕褐色，小，尖离，副芽数量较多；枝条根源体平，芽褥状态微凸，叶痕三角形。幼叶花色苷显色无，顶端叶着生姿态平伸，叶柄着生姿态上举；植株叶片形状全叶、裂叶混生，叶面平展，全叶长心形，中绿色，叶尖长尾状，叶缘细锯齿，叶基深心形，平均叶长14.9cm，叶幅13.2cm；叶面光滑，光泽性中等，叶面缩皱程度弱，叶柄细长，平均3.1cm。广东省广州市白云区栽培，桑果始熟期3月中旬，易受微型虫危害，开花期遇雨水多的年份易感菌核病，耐寒性较弱。

【花果性状】广州市栽培米条总芽数29～41个，平均34.2个；米条坐果芽数18～25个，平均21.2；坐果率44%～83%，平均62.0%；米条坐果粒数80～107，平均90.2；单芽坐果数2～3粒，平均2.6粒。桑果短圆筒形，果形好，平均长径2.3cm，横径1.2cm，单果重1.4g，果柄长度1.1cm。鲜果紫黑色，风味甜酸，平均可溶性固形物8.2%，酸度12.8g/L，pH3.5，糖酸比6.4。

叶片

新梢

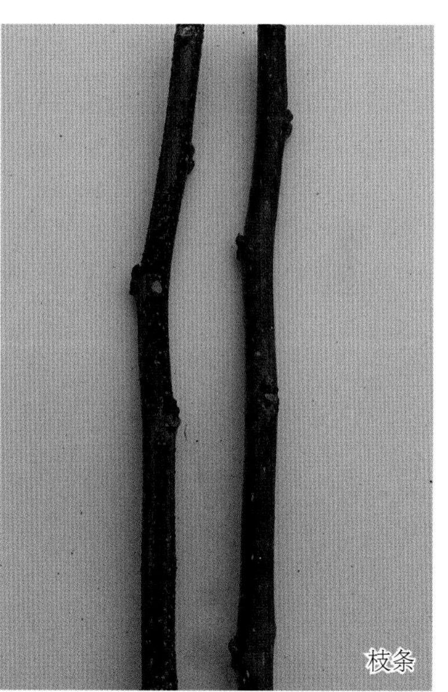
枝条

果实

挂果枝条

九4

【资源来源】由广东省农业科学院蚕业与农产品加工研究所从广东省收集的地方种质资源，属广东桑种，现保存于广东省蚕桑种质资源库。

【枝叶特征与栽培特性】树形稍开展，枝条细而长，主枝发条数多，侧枝萌发力弱；皮色青褐，节间直，平均节距3.9cm，五列叶序；皮孔小，较稀，圆形；冬芽长三角形，赤褐色，中等，腹离，副芽数量少；枝条根源体平，芽褥状态平，叶痕三角形。幼叶花色苷显色无，顶端叶着生姿态斜上，叶柄着生姿态上举；植株叶片形状全叶、裂叶混生，叶面平展，全叶心形，中绿色，叶尖长尾状，叶缘细圆齿，叶基深心形，平均叶长14.4cm，叶幅11.9cm；叶面光滑，光泽性中等，叶面缩皱程度弱，叶柄细长，平均4.9cm。广东省广州市白云区栽培，桑果始熟期3月上中旬，易受微型虫危害，开花期遇雨水多的年份易感菌核病，耐寒性较弱。

【花果性状】广州市栽培米条总芽数26 ~ 37个，平均32.5个；米条坐果芽数25 ~ 34个，平均29.3个；坐果率81% ~ 97%，平均90%；米条坐果粒数129 ~ 187粒，平均157.3粒；单芽坐果数4 ~ 5粒，平均4.8粒。桑果短圆筒形，果形好，平均长径2.6cm，横径1.2cm，单果重1.8g，果柄长度6.6cm。鲜果紫黑色，酸甜可口，风味好，平均可溶性固形物8.6%，酸度8.6g/L，pH3.7，糖酸比10.0。

叶片

新梢

枝条

果实

挂果枝条

塱9

【资源来源】由广东省农业科学院蚕业与农产品加工研究所从广东省收集的地方种质资源，属广东桑种，现保存于广东省蚕桑种质资源库。

【枝叶特征与栽培特性】树形稍开展，枝条细而长，主枝发条数少，侧枝萌发力弱；皮色棕褐，节间直，平均节距5.6cm，五列叶序；皮孔大小中等，较稀，椭圆形；冬芽长三角形，棕褐色，大小中等，腹离，副芽数量较少；枝条根源体平，芽褥状态平，叶痕三角形。幼叶花色苷显色中等，顶端叶着生姿态平伸，叶柄着生姿态上举；植株叶片形状全叶，叶面平展，叶长心形，浅绿色，叶尖短尾状，叶缘细圆齿，叶基浅心形，平均叶长21.9cm，叶幅18.0cm；叶面光滑，光泽性弱，叶面缩皱程度中等，叶柄细长，平均4.4cm。广东省广州市白云区栽培，桑果始熟期3月中下旬，易受微型虫危害，开花期遇雨水多的年份易感菌核病，耐寒性较弱。

【花果性状】广州市栽培米条总芽数25 ~ 31个，平均28.5个；米条坐果芽数22 ~ 30个，平均26.2个；坐果率85% ~ 97%，平均91.8%；米条坐果粒数87 ~ 138粒，平均104.5粒；单芽坐果数3 ~ 4粒，平均3.7粒。桑果长圆筒形，果形好，平均长径4.3cm，横径1.3cm，单果重6.2g，果柄长度1.8cm。鲜果紫黑色，风味甜酸，平均可溶性固形物4.4%，酸度11.9g/L，pH3.5，糖酸比3.7。

叶片

新梢

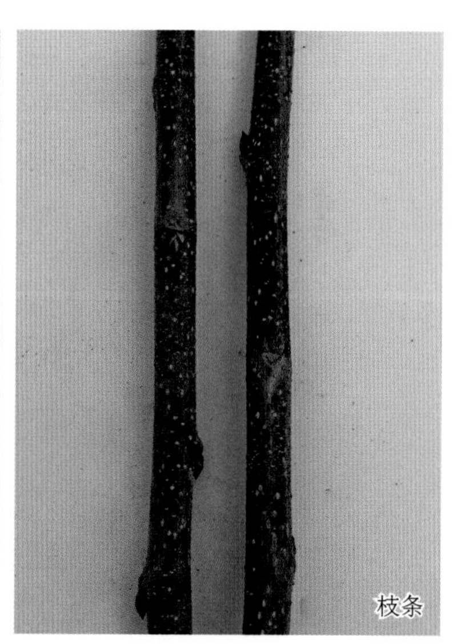
枝条

果实

挂果枝条

连州4

【资源来源】由广东省农业科学院蚕业与农产品加工研究所从广东省收集的地方种质资源，属广东桑种，现保存于广东省蚕桑种质资源库。

【枝叶特征与栽培特性】树形稍开展，枝条细而长，主枝发条数少，侧枝萌发力弱；皮色灰褐，节间直，平均节距4.5cm，五列叶序；皮孔小，较稀，圆形；冬芽正三角形，灰褐色，小，腹离，副芽数量较少；枝条根源体微凸，芽褥状态微凸，叶痕三角形。幼叶花色苷显色无，顶端叶着生姿态平伸，叶柄着生姿态上举；植株叶片形状全叶，叶面平展，叶长心形，中绿色，叶尖长尾状，叶缘粗圆齿，叶基浅心形，平均叶长13.1cm，叶幅10.8cm；叶面光滑，光泽性中等，叶面缩皱程度弱，叶柄细长，平均4.1cm。广东省广州市白云区栽培，桑果始熟期3月上中旬，易受微型虫危害，开花期遇雨水多的年份易感菌核病，耐寒性较弱。

【花果性状】广州市栽培米条总芽数22～29个，平均24.7个；米条坐果芽数21～26个，平均23.0个；坐果率86%～100%，平均93.2%；米条坐果粒数117～189粒，平均153.0粒；单芽坐果数4～8粒，平均6.2粒。桑果短圆筒形，果形好，平均长径2.7cm，横径1.2cm，单果重2.6g，果柄长度1.5cm。鲜果紫黑色，酸甜可口，风味好，平均可溶性固形物6.8%，酸度3.1g/L，pH4.8，糖酸比22.1。

叶片　新梢　枝条

果实　挂果枝条

连州7

【资源来源】由广东省农业科学院蚕业与农产品加工研究所从广东省收集的地方种质资源，属广东桑种，现保存于广东省蚕桑种质资源库。

【枝叶特征与栽培特性】树形稍开展，枝条细而长，主枝发条数少，侧枝萌发力弱；皮色棕褐，节间曲，平均节距4.9cm，五列叶序；皮孔小，较稀，圆形；冬芽卵圆形，赤褐色，小，腹离，副芽数量较少；枝条根源体平，芽褥状态平，叶痕三角形。幼叶花色苷显色无，顶端叶着生姿态斜上，叶柄着生姿态上举；植株叶片形状全叶、裂叶混生，叶面平展，叶长心形，深绿色，叶尖长尾状，叶缘粗圆齿，叶基深心形，平均叶长17.2cm，叶幅13.6cm；叶面光滑，光泽性中等，叶面缩皱程度弱，叶柄细长，平均4.1cm。广东省广州市白云区栽培，桑果始熟期3月上中旬，易受微型虫危害，开花期遇雨水多的年份易感菌核病，耐寒性较弱。

【花果性状】广州市栽培米条总芽数25 ~ 30个，平均27.8个；米条坐果芽数20 ~ 25个，平均22.2个；坐果率70% ~ 93%，平均79.6%；米条坐果粒数89 ~ 112粒，平均101.2粒；单芽坐果数3 ~ 4粒，平均3.6粒。桑果短圆筒形，果形好，平均长径2.8cm，横径1.6cm，单果重3.7g，果柄长度0.7cm。鲜果紫黑色，酸甜可口，风味好，平均可溶性固形物6.8%，酸度1.9g/L，pH4.3，糖酸比35.4。

叶片

新梢

枝条

果实

挂果枝条

连州8

【资源来源】由广东省农业科学院蚕业与农产品加工研究所从广东省收集的地方种质资源，属广东桑种，现保存于广东省蚕桑种质资源库。

【枝叶特征与栽培特性】树形稍开展，枝条细而长，主枝发条数少，侧枝萌发力中等；皮色赤褐，节间直，平均节距5.5cm，五列叶序；皮孔小，较稀，圆形；冬芽长三角形，赤褐色，大小中等，尖离，副芽数量较少；枝条根源体平，芽褥状态微凸，叶痕三角形。幼叶花色苷显色无，顶端叶着生姿态斜上，叶柄着生姿态上举；植株叶片形状全叶、裂叶混生，叶面平展，叶长心形，深绿色，叶尖长尾状，叶缘粗圆齿，叶基深心形，平均叶长19.7cm，叶幅14.4cm；叶面光滑，光泽性强，叶面缩皱程度中弱，叶柄细长，平均4.9cm。广东省广州市白云区栽培，桑果始熟期3月上中旬，易受微型虫危害，开花期遇雨水多的年份易感菌核病，耐寒性较弱。

【花果性状】广州市栽培米条总芽数22 ~ 25个，平均23.0个；米条坐果芽数10 ~ 20个，平均15.3个；坐果率40% ~ 91%，平均66.7%；米条坐果粒数39 ~ 96粒，平均60.3粒；单芽坐果数1 ~ 4粒，平均2.6粒。桑果短圆筒形，果形好，平均长径3.0cm，横径1.7cm，单果重4.0g，果柄长度1.0cm。鲜果紫黑色，酸甜可口，风味好，平均可溶性固形物10.2%，酸度9.5g/L，pH3.9，糖酸比10.8。

叶片

新梢

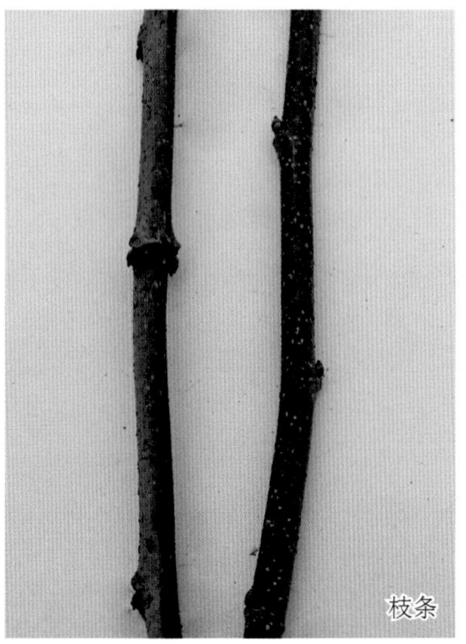
枝条

果实

挂果枝条

连州9

【资源来源】由广东省农业科学院蚕业与农产品加工研究所从广东省收集的地方种质资源，属广东桑种，现保存于广东省蚕桑种质资源库。

【枝叶特征与栽培特性】树形稍开展，枝条细而长，主枝发条数少，侧枝萌发力弱；皮色紫褐，节间直，平均节距5.4cm，五列叶序；皮孔小，较密，圆形；冬芽正三角形，棕褐色，小，尖离，副芽数量较少；枝条根源体微凸，芽褥状态微凸，叶痕三角形。幼叶花色苷显色无，顶端叶着生姿态平伸，叶柄着生姿态上举；植株叶片形状全叶、裂叶混生，叶面平展，叶长心形，深绿色，叶尖长尾状，叶缘粗圆齿，叶基深心形，平均叶长19.1cm，叶幅15.2cm；叶面光滑，光泽性强，叶面缩皱程度弱，叶柄细长，平均4.7cm。广东省广州市白云区栽培，桑果始熟期3月上中旬，易受微型虫危害，开花期遇雨水多的年份易感菌核病，耐寒性较弱。

【花果性状】广州市栽培米条总芽数23～28个，平均24.8个；米条坐果芽数13～23个，平均17.0个；坐果率52%～85%，平均68.5%；米条坐果粒数43～148粒，平均68.5粒；单芽坐果数2～5粒，平均2.8粒。桑果短圆筒形，果形好，平均长径2.7cm，横径1.6cm，单果重3.3g，果柄长度1.1cm。鲜果紫黑色，酸甜可口，风味好，平均可溶性固形物8.6%，酸度9.2g/L，pH3.7，糖酸比9.3。

六大3

【资源来源】由广东省农业科学院蚕业与农产品加工研究所从广西壮族自治区收集的地方种质资源，属广东桑种，现保存于广东省蚕桑种质资源库。

【枝叶特征与栽培特性】树形稍开展，枝条粗度中等而长，主枝发条数多，侧枝萌发力中等；皮色赤褐，节间直，平均节距5.4cm，五列叶序；皮孔大小中等，较稀，圆形；冬芽长三角形，棕褐色，大小中等，尖离，副芽数量较多；枝条根源体微凸，芽褥状态平，叶痕三角形。幼叶花色苷显色弱，顶端叶着生姿态平伸，叶柄着生姿态上举；植株叶片形状全叶、裂叶混生，叶面平展，全叶心形，中绿色，叶尖长尾状，叶缘细圆齿，叶基深心形，平均叶长11.2cm，叶幅10.7cm；叶面光滑，光泽性中等，叶面缩皱程度弱，叶柄细长，平均4.0cm。广东省广州市白云区栽培，桑果始熟期3月中下旬，易受微型虫危害，开花期遇雨水多的年份易感菌核病，耐寒性较弱。

【花果性状】广州市栽培米条总芽数26 ~ 32个，平均28.2个；米条坐果芽数18 ~ 29个，平均21.3个；坐果率65% ~ 91%，平均75.7%；米条坐果粒数98 ~ 124粒，平均111.8粒；单芽坐果数3 ~ 5粒，平均4.0粒。桑果短圆筒形，果形好，平均长径2.5cm，横径1.2cm，单果重1.8g，果柄长度0.6cm。鲜果紫黑色，酸甜可口，风味好，平均可溶性固形物10.7%，酸度5.9g/L，pH4.0，糖酸比18.2。

叶片　新梢　枝条　果实　挂果枝条

六六3

【资源来源】由广东省农业科学院蚕业与农产品加工研究所从广西壮族自治区收集的地方种质资源，属广东桑种，现保存于广东省蚕桑种质资源库。

【枝叶特征与栽培特性】树形稍开展，枝条中而直，主枝发条数少，侧枝萌发力弱；皮色赤褐，节间曲，平均节距5.2cm，五列叶序；皮孔大小中等，较稀，椭圆形；冬芽长三角形，黄褐色，大小中等，贴生，副芽数量少；枝条根源体微凸，芽褥微凸，叶痕半圆形。幼叶花色苷显色无，顶端叶着生姿态平伸，叶柄着生姿态上举；植株叶片形状全叶，叶面平展，叶心形，中绿色，叶尖长尾状，叶缘粗圆齿，叶基深心形，平均叶长13.6cm，叶幅10.9cm；叶面光滑，光泽性中等，叶面缩皱程度中等，叶柄细长，平均3.3cm。广东省广州市白云区栽培，桑果始熟期3月上中旬，易受微型虫危害，开花期遇雨水多的年份易感菌核病，耐寒性较弱。

【花果性状】广州市栽培米条总芽数22～27个，平均25.8个；米条坐果芽数21～27个，平均24.2个；坐果率81%～100%，平均93.5%；米条坐果粒数39～111粒，平均80.7粒；单芽坐果数2～4粒，平均3.1粒。桑果短圆筒形，果形好，平均长径3.0cm，横径1.3cm，单果重2.4g，果柄长度1.0cm。鲜果紫黑色，酸甜可口，风味好，平均可溶性固形物9.7%，酸度5.2g/L，pH4.3，糖酸比18.5。

叶片

新梢

枝条

果实

挂果枝条

罗林1

【资源来源】由广东省农业科学院蚕业与农产品加工研究所从广东省收集的地方种质资源，属广东桑种，现保存于广东省蚕桑种质资源库。

【枝叶特征与栽培特性】树形稍开展，枝条细而长，主枝发条数少，侧枝萌发力弱；皮色赤褐，节间直，平均节距4.9cm，五列叶序；皮孔大，较密，圆形；冬芽长三角形，紫褐色，大，尖离，副芽数量少；枝条根源体平，芽褥状态平，叶痕三角形。幼叶花色苷显色弱，顶端叶着生姿态平伸，叶柄着生姿态上举；植株叶片形状全叶、裂叶混生，叶面平展，全叶长心形，中绿色，叶尖长尾状，叶缘细锯齿，叶基深心形，平均叶长12.0cm，叶幅9.4cm；叶面光滑，光泽性中等，叶面缩皱程度弱，叶柄细长，平均3.1cm。广东省广州市白云区栽培，桑果始熟期3月中旬，易受微型虫危害，开花期遇雨水多的年份易感菌核病，耐寒性较弱。

【花果性状】广州市栽培米条总芽数32 ~ 41个，平均37.0个；米条坐果芽数16 ~ 27个，平均21.0个；坐果率42% ~ 71%，平均56.8%；米条坐果粒数56 ~ 137粒，平均93.7粒；单芽坐果数1 ~ 4粒，平均2.5粒。桑果长圆筒形，果形好，平均长径4.1cm，横径1.3cm，单果重3.1g，果柄长度1.4cm。鲜果紫黑色，酸甜可口，风味好，平均可溶性固形物9.7%，酸度3.3g/L，pH4.7，糖酸比29.1。

罗林2

【资源来源】由广东省农业科学院蚕业与农产品加工研究所从广东省收集的地方种质资源，属广东桑种，现保存于广东省蚕桑种质资源库。

【枝叶特征与栽培特性】树形稍开展，枝条粗而直，主枝发条数多，侧枝萌发力强；皮色棕褐，节间直，平均节距5.0cm，五列叶序；皮孔大，较密，圆形；冬芽长三角形，赤褐色，大，尖离，副芽数量少；枝条根源体平，芽褥状态平，叶痕三角形。幼叶花色苷显色弱，顶端叶着生姿态平伸，叶柄着生姿态上举；植株叶片形状全叶、裂叶混生，叶面平展，全叶心形，中绿色，叶尖长尾状，叶缘细圆齿，叶基浅心形，平均叶长12.1cm，叶幅10.3cm；叶面光滑，光泽性中等，叶面缩皱程度弱，叶柄细长，平均2.8cm。广东省广州市白云区栽培，桑果始熟期3月上中旬，易受微型虫危害，开花期遇雨水多的年份易感菌核病，耐寒性较弱。

【花果性状】广州市栽培米条总芽数30 ~ 36个，平均33.2个；米条坐果芽数16 ~ 26个，平均20.7个；坐果率48% ~ 79%，平均62.3%；米条坐果粒数65 ~ 120粒，平均91.7粒；单芽坐果数2 ~ 4粒，平均2.8粒。桑果短圆筒形，果形好，平均长径3.2cm，横径1.5cm，单果重3.8g，果柄长度1.1cm。鲜果紫黑色，酸甜可口，风味好，平均可溶性固形物5.2%，酸度5.9g/L，pH4.5，糖酸比8.8。

叶片　新梢　枝条

果实　挂果枝条

罗知4

【资源来源】由广东省农业科学院蚕业与农产品加工研究所从广东省收集的地方种质资源，属广东桑种，现保存于广东省蚕桑种质资源库。

【枝叶特征与栽培特性】树形稍开展，枝条细而长，主枝发条数少，侧枝萌发力强；皮色黄褐，节间直，平均节距4.4cm，八列叶序；皮孔大小中等，较稀，圆形；冬芽长三角形，灰褐色，大，尖离，副芽无；枝条根源体平，芽褥状态平，叶痕半圆形。幼叶花色苷显色中等，顶端叶着生姿态平伸，叶柄着生姿态上举；植株叶片形状全叶，叶面平展，叶长心形，浅绿色，叶尖长尾状，叶缘细锯齿，叶基浅心形，平均叶长12.5cm，叶幅8.2cm；叶面光滑，光泽性弱，叶面缩皱程度弱，叶柄细长，平均2.5cm。广东省广州市白云区栽培，桑果始熟期3月上旬，易受微型虫危害，开花期遇雨水多的年份易感菌核病，耐寒性较弱。

【花果性状】广州市栽培米条总芽数34～43个，平均39.5个；米条坐果芽数30～39个，平均33.8个；坐果率76%～95%，平均85.8%；米条坐果粒数76～108粒，平均92.8粒；单芽坐果数2～3粒，平均2.4粒。桑果短圆筒形，果形好，平均长径2.9cm，横径1.1cm，单果重1.6g，果柄长度1.0cm。鲜果紫黑色，酸甜可口，风味好，平均可溶性固形物5.5%，酸度3.3g/L，pH4.6，糖酸比16.5。

叶片

新梢

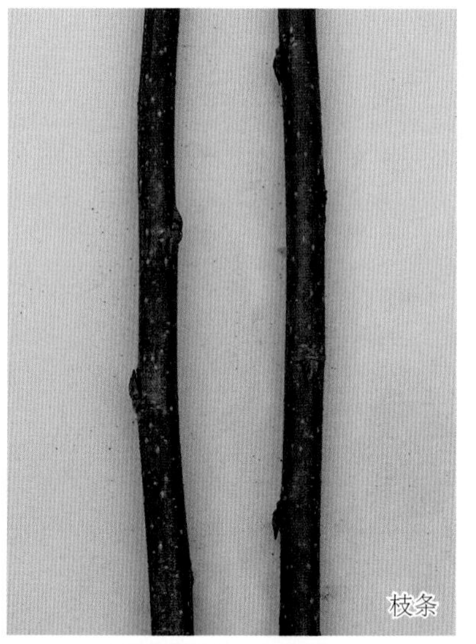
枝条

果实

挂果枝条

罗知11

【资源来源】由广东省农业科学院蚕业与农产品加工研究所从广东省收集的地方种质资源，属广东桑种，现保存于广东省蚕桑种质资源库。

【枝叶特征与栽培特性】树形稍开展，枝条细而长，主枝发条数少，侧枝萌发力弱；皮色棕褐，节间直，平均节距4.9cm，絮乱叶序；皮孔大，较密，圆形；冬芽长三角形，赤褐色，大，斜生，副芽数量少；枝条根源体微凸，芽褥状态微凸，叶痕圆形。幼叶花色苷显色弱，顶端叶着生姿态平伸，叶柄着生姿态上举；植株叶片形状全叶，叶面平展，叶长心形，浅绿色，叶尖长尾状，叶缘细圆齿，叶基深心形，平均叶长13.9cm，叶幅10.9cm；叶面光滑，光泽性中等，叶面缩皱程度弱，叶柄细长，平均3.0cm。广东省广州市白云区栽培，桑果始熟期3月中旬，易受微型虫危害，开花期遇雨水多的年份易感菌核病，耐寒性较弱。

【花果性状】广州市栽培米条总芽数22 ~ 27个，平均24.0个；米条坐果芽数19 ~ 23个，平均21.0个；坐果率83% ~ 95%，平均87.6%；米条坐果粒数66 ~ 155粒，平均97.0粒；单芽坐果数2 ~ 7粒，平均4.1粒。桑果短圆筒形，果形好，平均长径3.0cm，横径1.4cm，单果重2.6g，果柄长度1.0cm。鲜果紫黑色，酸甜可口，风味好，平均可溶性固形物7.4%，酸度6.8g/L，pH4.3，糖酸比10.9。

叶片

新梢

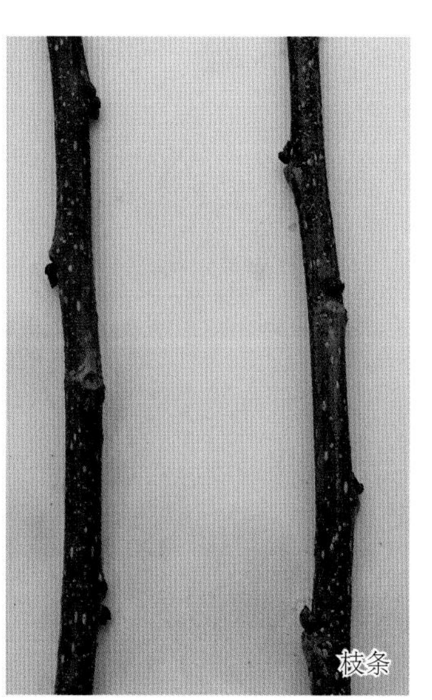
枝条

果实

挂果枝条

那学7

【资源来源】由广东省农业科学院蚕业与农产品加工研究所从广西壮族自治区收集的地方种质资源，属广东桑种，现保存于广东省蚕桑种质资源库。

【枝叶特征与栽培特性】树形稍开展，枝条细而长，主枝发条数少，侧枝萌发力弱；皮色青褐，节间曲，平均节距5.6cm，五列叶序；皮孔小，较稀，椭圆形；冬芽长三角形，黄褐色，大小中等，贴生，副芽数量较少；枝条根源体微凸，芽褥状态凸，叶痕半圆形。幼叶花色苷显色弱，顶端叶着生姿态平伸，叶柄着生姿态上举；植株叶片形状全叶，叶面平展，叶长心形，中绿色，叶尖双头状，叶缘粗圆齿，叶基深心形，平均叶长21.0cm，叶幅18.8cm；叶面光滑，光泽性强，叶面缩皱程度中弱，叶柄细长，平均6.6cm。广东省广州市白云区栽培，桑果始熟期3月中旬，易受微型虫危害，开花期遇雨水多的年份易感菌核病，耐寒性较弱。

【花果性状】广州市栽培米条总芽数26 ~ 31个，平均28.7个；米条坐果芽数23 ~ 29个，平均25.7个；坐果率79% ~ 96%，平均89.5%；米条坐果粒数43 ~ 106粒，平均81.7粒；单芽坐果数1 ~ 4粒，平均2.8粒。桑果短圆筒形，果形好，平均长径2.8cm，横径1.2cm，单果重2.4g，果柄长度1.1cm。鲜果紫黑色，酸甜可口，风味好，平均可溶性固形物7.9%，酸度5.6g/L，pH4.2，糖酸比14.0。

叶片

新梢

枝条

果实

挂果枝条

砰镇2

【资源来源】由广东省农业科学院蚕业与农产品加工研究所从广东省收集的地方种质资源，属白桑种，现保存于广东省蚕桑种质资源库。

【枝叶特征与栽培特性】树形稍开展，枝条细而长，主枝发条数少，侧枝萌发力中等；皮色青褐，节间直，平均节距5.3cm，五列叶序；皮孔小，较稀，圆形；冬芽长三角形，黄褐色，小，尖离，副芽数量较多；枝条根源体平，芽褥状态微凸，叶痕三角形。幼叶花色苷显色弱，顶端叶着生姿态斜上，叶柄着生姿态上举；植株叶片形状全叶，叶面内卷，叶长心形，深绿色，叶尖长尾状，叶缘粗圆齿，叶基浅心形，平均叶长20.3cm，叶幅15.3cm；叶面光滑，光泽性中等，叶面缩皱程度中弱，叶柄细长，平均5.1cm。广东省广州市白云区栽培，桑果始熟期3月上中旬，易受微型虫危害，开花期遇雨水多的年份易感菌核病，耐寒性较弱。

【花果性状】广州市栽培米条总芽数19～30个，平均23.2个；米条坐果芽数14～25个，平均18.0个；坐果率50%～95%，平均77.7%；米条坐果粒数41～94粒，平均62.0粒；单芽坐果数1～3粒，平均2.7粒。桑果中圆筒形，果形好，平均长径3.6cm，横径1.5cm，单果重4.0g，果柄长度1.4cm。鲜果紫黑色，酸甜可口，风味好，平均可溶性固形物11.7%，酸度5.2g/L，pH4.6，糖酸比22.3。

叶片 新梢 枝条 果实 挂果枝条

前山1

【资源来源】由广东省农业科学院蚕业与农产品加工研究所从广东省收集的地方种质资源，属广东桑种，现保存于广东省蚕桑种质资源库。

【枝叶特征与栽培特性】树形稍开展，枝条细而长，主枝发条数少，侧枝萌发力弱；皮色棕褐，节间直，平均节距5.1cm，五列叶序；皮孔小，较稀，圆形；冬芽正三角形，灰褐色，小，腹离，副芽数量较多；枝条根源体微凸，芽褥状态微凸，叶痕扁圆形。幼叶花色苷显色无，顶端叶着生姿态平伸，叶柄着生姿态上举；植株叶片形状全叶，叶面平展，叶心形，中绿色，叶尖长尾状，叶缘粗圆齿，叶基深心形，平均叶长19.3cm，叶幅15.1cm；叶面光滑，光泽性中等，叶面缩皱程度弱，叶柄细长，平均4.1cm。广东省广州市白云区栽培，桑果始熟期3月上中旬，易受微型虫危害，开花期遇雨水多的年份易感菌核病，耐寒性较弱。

【花果性状】广州市栽培米条总芽数25 ~ 29个，平均26.7个；米条坐果芽数21 ~ 28个，平均24.8个；坐果率84% ~ 100%，平均93.1%；米条坐果粒数82 ~ 154粒，平均119.3粒；单芽坐果数3 ~ 6粒，平均4.5粒。桑果中圆筒形，果形好，平均长径3.7cm，横径1.6cm，单果重4.6g，果柄长度0.8cm。鲜果紫黑色，酸甜可口，风味好，平均可溶性固形物8.9%，酸度3.5g/L，pH4.4，糖酸比25.8。

叶片

新梢

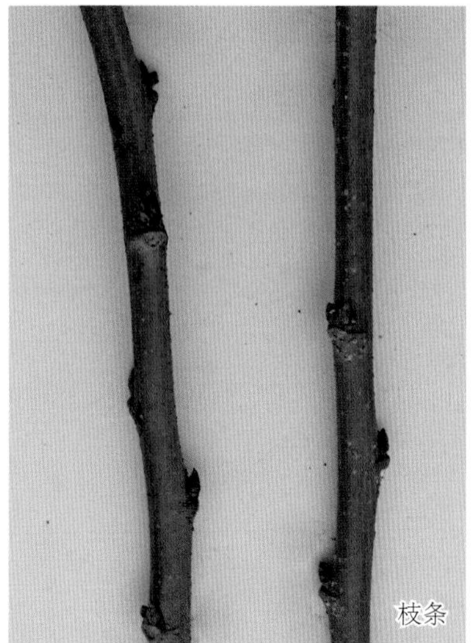
枝条

果实

挂果枝条

钦州6

【资源来源】由广东省农业科学院蚕业与农产品加工研究所从广西壮族自治区收集的地方种质资源，属广东桑种，现保存于广东省蚕桑种质资源库。

【枝叶特征与栽培特性】树形稍开展，枝条细而长，主枝发条数少，侧枝萌发力弱；皮色青褐，节间曲，平均节距6.1cm，五列叶序；皮孔小，较稀，椭圆形；冬芽长三角形，棕褐色，小，贴生，副芽数量较多；枝条根源体微凸，芽褥状态微凸，叶痕半圆形。幼叶花色苷显色弱，顶端叶着生姿态斜上，叶柄着生姿态上举；植株叶片形状全叶，叶面内卷，叶长心形，浅绿色，叶尖长尾状，叶缘粗圆齿，叶基浅心形，平均叶长15.7cm，叶幅10.9cm；叶面光滑，光泽性中等，叶面缩皱程度弱，叶柄细长，平均4.0cm。广东省广州市白云区栽培，桑果始熟期3月上中旬，易受微型虫危害，开花期遇雨水多的年份易感菌核病，耐寒性较弱。

【花果性状】广州市栽培米条总芽数23 ~ 28个，平均25.5个；米条坐果芽数23 ~ 28个，平均24.3个；坐果率82% ~ 100%，平均95.4%；米条坐果粒数85 ~ 144粒，平均123.5粒；单芽坐果数3 ~ 6粒，平均4.8粒。桑果短圆筒形，果形好，平均长径3.2cm，横径1.4cm，单果重3.3g，果柄长度0.8cm。鲜果紫黑色，酸甜可口，风味好，平均可溶性固形物9.8%，酸度3.5g/L，pH4.6，糖酸比28.4。

石灰塘1

【资源来源】由广东省农业科学院蚕业与农产品加工研究所从广西壮族自治区收集的地方种质资源，属广东桑种，现保存于广东省蚕桑种质资源库。

【枝叶特征与栽培特性】树形稍开展，枝条粗而直，主枝发条数多，侧枝萌发力强；皮色青褐，节间直，平均节距5.1cm，五列叶序；皮孔大小中等，较稀，椭圆形；冬芽长三角形，棕褐色，小，尖离，副芽数量较多；枝条根源体微凸，芽褥状态微凸，叶痕三角形。

幼叶花色苷显色无，顶端叶着生姿态斜上，叶柄着生姿态上举；植株叶片形状全叶，叶面平展，叶卵形，中绿色，叶尖长尾状，叶缘细圆齿，叶基截形，平均叶长16.6cm，叶幅12.4cm；叶面光滑，光泽性中等，叶面缩皱程度中等，叶柄细长，平均3.8cm。广东省广州市白云区栽培，桑果始熟期3月上中旬，易受微型虫危害，开花期遇雨水多的年份易感菌核病，耐寒性较弱。

【花果性状】广州市栽培米条总芽数28 ~ 39个，平均35.3个；米条坐果芽数23 ~ 35个，平均29.5个；坐果率68% ~ 100%，平均83.5%；米条坐果粒数88 ~ 145粒，平均103.3粒；单芽坐果数2 ~ 4粒，平均2.9粒。桑果短圆筒形，果形好，平均长径2.6cm，横径1.3cm，单果重2.3g，果柄长度0.9cm。鲜果紫黑色，酸甜可口，风味好，平均可溶性固形物7.1%，酸度6.0g/L，pH4.1，糖酸比11.8。

叶片

新梢

枝条

果实

挂果枝条

顺3

【资源来源】由广东省农业科学院蚕业与农产品加工研究所从广东省收集的地方种质资源，属广东桑种，现保存于广东省蚕桑种质资源库。

【枝叶特征与栽培特性】树形稍开展，枝条细而长，主枝发条数多，侧枝萌发力弱；皮色青褐，节间曲，平均节距5.0cm，五列叶序；皮孔小，较稀，椭圆形；冬芽正三角形，赤褐色，小，贴生，副芽数量较多；枝条根源体平，芽褥状态微凸，叶痕半圆形。幼叶花色苷显色无，顶端叶着生姿态斜上，叶柄着生姿态上举；植株叶片形状全叶，叶面平展，叶心形，中绿色，叶尖长尾状，叶缘细圆齿，叶基浅心形，平均叶长10.8cm，叶幅8.2cm；叶面光滑，光泽性强，叶面缩皱程度中弱，叶柄细长，平均2.4cm。广东省广州市白云区栽培，桑果始熟期3月中下旬，易受微型虫危害，开花期遇雨水多的年份易感菌核病，耐寒性较弱。

【花果性状】广州市栽培米条总芽数29 ~ 32个，平均30.3个；米条坐果芽数23 ~ 29个，平均27.3个；坐果率77% ~ 100%，平均90.1%；米条坐果粒数96 ~ 146粒，平均120.8粒；单芽坐果数3 ~ 5粒，平均4.0粒。桑果短圆筒形，果形好，平均长径3.1cm，横径1.2cm，单果重2.7g，果柄长度1.0cm。鲜果紫黑色，酸甜可口，风味好，平均可溶性固形物5.5%，酸度2.8g/L，pH4.7，糖酸比19.5。

叶片

新梢

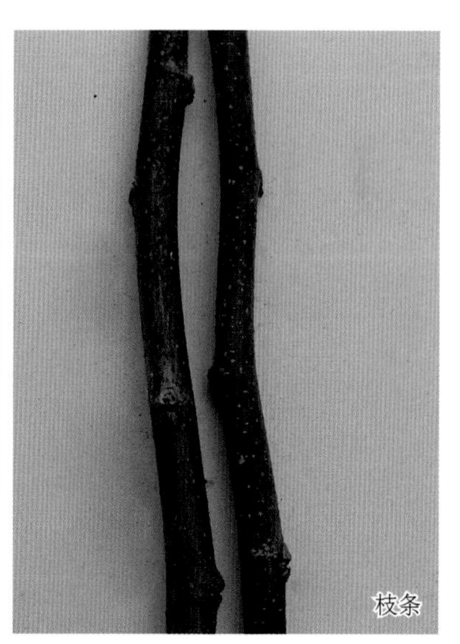

枝条

果实

挂果枝条

顺15

【资源来源】由广东省农业科学院蚕业与农产品加工研究所从广东省收集的地方种质资源，属广东桑种，现保存于广东省蚕桑种质资源库。

【枝叶特征与栽培特性】树形稍开展，枝条粗而长，主枝发条数多，侧枝萌发力中等；皮色赤褐，节间曲，平均节距5.8cm，五列叶序；皮孔小，较密，圆形；冬芽长三角形，紫褐色，大小中等，尖离，副芽数量较多；枝条根源体微凸，芽褥微凸，叶痕半圆形。幼叶花色苷显色无，顶端叶着生姿态平伸，叶柄着生姿态上举；植株叶片形状全叶，叶面平展，叶卵形，中绿色，叶尖长尾状，叶缘细锯齿，叶基截形，平均叶长17.2cm，叶幅12.5cm；叶面光滑，光泽性中等，叶面缩皱程度中弱，叶柄细长，平均3.8cm。广东省广州市白云区栽培，桑果始熟期3月上中旬，易受微型虫危害，开花期遇雨水多的年份易感菌核病，耐寒性较弱。

【花果性状】广州市栽培米条总芽数25 ~ 31个，平均28.2个；米条坐果芽数22 ~ 31个，平均27.3个；坐果率88% ~ 100%，平均97.0%；米条坐果粒数108 ~ 224粒，平均182.2粒；单芽坐果数4 ~ 7粒，平均6.5粒。桑果短圆筒形，果形好，平均长径3.1cm，横径1.4cm，单果重2.3g，果柄长度0.9cm。鲜果紫黑色，酸甜可口，风味好，平均可溶性固形物6.5%，酸度3.8g/L，pH4.4，糖酸比16.9。

叶片

新梢

枝条

果实

挂果枝条

台山2

【资源来源】由广东省农业科学院蚕业与农产品加工研究所从广东省收集的地方种质资源，属广东桑种，现保存于广东省蚕桑种质资源库。

【枝叶特征与栽培特性】树形稍开展，枝条粗度中等而长，主枝发条数少，侧枝萌发力弱；皮色棕褐，节间直，平均节距5.3cm，八列叶序；皮孔小，较密，圆形；冬芽正三角形，棕褐色，大，贴生，副芽数量少；枝条根源体平，芽褥状态微凸，叶痕三角形。幼叶花色苷显色弱，顶端叶着生姿态斜上，叶柄着生姿态上举；植株叶片形状全叶、裂叶混生，叶面平展，全叶长心形，浅绿色，叶尖短尾状，叶缘细圆齿，叶基浅心形，平均叶长21.3cm，叶幅16.4cm；叶面光滑，光泽性强，叶面缩皱程度中弱，叶柄细长，平均4.6cm。广东省广州市白云区栽培，桑果始熟期3月上中旬，易受微型虫危害，开花期遇雨水多的年份易感菌核病，耐寒性较弱。

【花果性状】广州市栽培米条总芽数22～32个，平均27.3个；米条坐果芽数14～30个，平均21.7个；坐果率47%～100%，平均79%；米条坐果粒数30～85粒，平均51.8粒；单芽坐果数1～3粒，平均1.9粒。桑果短圆筒形，果形好，平均长径2.5cm，横径1.2cm，单果重3.2g，果柄长度1.3cm。鲜果紫黑色，酸甜可口，风味好，平均可溶性固形物13.4%，酸度2.8g/L，pH4.2，糖酸比48.3。

叶片

新梢

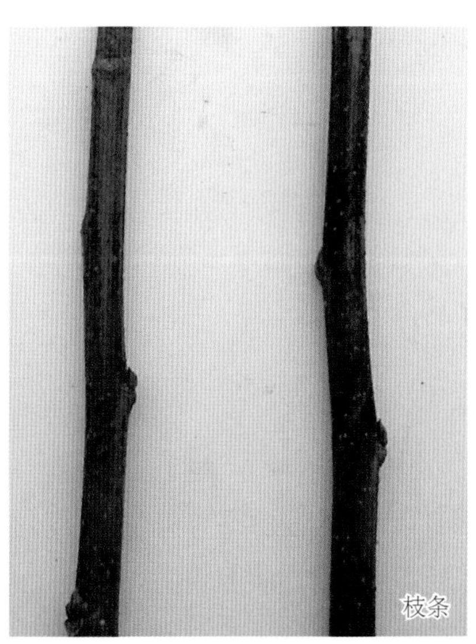
枝条

果实

挂果枝条

通玉8

【资源来源】由广东省农业科学院蚕业与农产品加工研究所从广东省收集的地方种质资源，属广东桑种，现保存于广东省蚕桑种质资源库。

【枝叶特征与栽培特性】树形稍开展，枝条粗度中等而长，主枝发条数少，侧枝萌发力弱；皮色赤褐，节间直，平均节距4.9cm，五列叶序；皮孔大，稀，圆形；冬芽长三角形，赤褐色，大，腹离，副芽数量较少；枝条根源体平，芽褥状态平，叶痕圆形。幼叶花色苷显色无，顶端叶着生姿态平伸，叶柄着生姿态上举；植株叶片形状全叶，叶面平展，叶长心形，中绿色，叶尖短尾状，叶缘细圆齿，叶基深心形，平均叶长18.2cm，叶幅15.4cm；叶面光滑，光泽性弱，叶面缩皱程度弱，叶柄细长，平均4.7cm。广东省广州市白云区栽培，桑果始熟期3月上中旬，易受微型虫危害，开花期遇雨水多的年份易感菌核病，耐寒性较弱。

【花果性状】广州市栽培米条总芽数28 ~ 37个，平均83.5个；米条坐果芽数28 ~ 34个，平均30.8个；坐果率84% ~ 100%，平均79.3%；米条坐果粒数90 ~ 152粒，平均121.2粒；单芽坐果数2 ~ 5粒，平均3.2粒。桑果短圆筒形，果形好，平均长径2.6cm，横径1.2cm，单果重2.0g，果柄长度0.8cm。鲜果紫黑色，酸甜可口，风味好，平均可溶性固形物4.2%，酸度5.0g/L，pH4.0，糖酸比8.4。

叶片　新梢　枝条
果实　挂果枝条

通玉 12

【资源来源】由广东省农业科学院蚕业与农产品加工研究所从广东省收集的地方种质资源，属广东桑种，现保存于广东省蚕桑种质资源库。

【枝叶特征与栽培特性】树形稍开展，枝条细而长，主枝发条数少，侧枝萌发力弱；皮色棕褐，节间直，平均节距4.8cm，八列叶序；皮孔大小中等，稀，圆形；冬芽长三角形，紫褐色，大小中等，腹离，副芽无；枝条根源体平，芽褥状态微凸，叶痕半圆形。幼叶花色苷显色无，顶端叶着生姿态平伸，叶柄着生姿态上举；植株叶片形状全叶，叶面平展，叶长心形，浅绿色，叶尖长尾状，叶缘细圆齿，叶基深心形，平均叶长14.1cm，叶幅11.8cm；叶面光滑，光泽性弱，叶面缩皱程度弱，叶柄细长，平均3.4cm。广东省广州市白云区栽培，桑果始熟期3月上中旬，易受微型虫危害，开花期遇雨水多的年份易感菌核病，耐寒性较弱。

【花果性状】广州市栽培米条总芽数21 ~ 28个，平均23.7个；米条坐果芽数9 ~ 24个，平均15.3个；坐果率41% ~ 81%，平均64.2%；米条坐果粒数38 ~ 120粒，平均66.7粒；单芽坐果数2 ~ 4粒，平均2.8粒。桑果短圆筒形，果形好，平均长径2.5cm，横径1.3cm，单果重2.2g，果柄长度0.5cm。鲜果紫黑色，酸甜可口，风味好，平均可溶性固形物10.3%，酸度4.1g/L，pH4.4，糖酸比25.1。

叶片

新梢

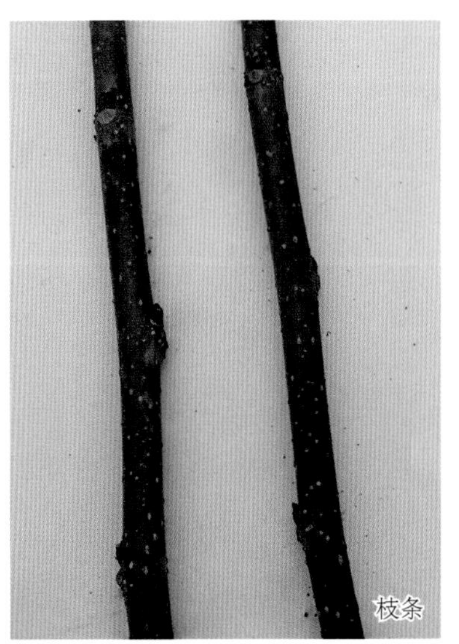
枝条

果实

挂果枝条

通玉 13

【资源来源】 由广东省农业科学院蚕业与农产品加工研究所从广东省收集的地方种质资源，属广东桑种，现保存于广东省蚕桑种质资源库。

【枝叶特征与栽培特性】 树形稍开展，枝条粗度中等而长，主枝发条数少，侧枝萌发力中等；皮色黄褐，节间直，平均节距5.2cm，八列叶序；皮孔小，较密，圆形；冬芽长三角形，黄褐色，大小中等，尖离，副芽数量少；枝条根源体平，芽褥状态微凸，叶痕三角形。幼叶花色苷显色弱，顶端叶着生姿态平伸，叶柄着生姿态上举；植株叶片形状全叶，叶面平展，叶长心形，浅绿色，叶尖长尾状，叶缘细圆齿，叶基浅心形，平均叶长13.8cm，叶幅10.4cm；叶面光滑，光泽性弱，叶面缩皱程度弱，叶柄细长，平均2.3cm。广东省广州市白云区栽培，桑果始熟期3月上中旬，易受微型虫危害，开花期遇雨水多的年份易感菌核病，耐寒性较弱。

【花果性状】 广州市栽培米条总芽数25 ~ 36个，平均29.2个；米条坐果芽数13 ~ 27个，平均19.5个；坐果率48% ~ 80%，平均66.4%；米条坐果粒数50 ~ 80粒，平均63.0粒；单芽坐果数2 ~ 3粒，平均2.2粒。桑果短圆筒形，果形好，平均长径2.9cm，横径1.3cm，单果重2.7g，果柄长度1.0cm。鲜果紫黑色，酸甜可口，风味好，平均可溶性固形物8.5%，酸度5.6g/L，pH4.0，糖酸比15.1。

通玉 15

【资源来源】 由广东省农业科学院蚕业与农产品加工研究所从广东省收集的地方种质资源，属广东桑种，现保存于广东省蚕桑种质资源库。

【枝叶特征与栽培特性】 树形稍开展，枝条粗而长，主枝发条数少，侧枝萌发力强；皮色棕褐，节间直，平均节距5.8cm，絮乱叶序；皮孔大小中等，较密，圆形；冬芽长三角形，棕褐色，小，贴生，副芽数量少；枝条根源体平，芽褥状态平，叶痕半圆形。幼叶花色苷显色弱，顶端叶着生姿态平伸，叶柄着生姿态上举；植株叶片形状全叶、裂叶混生，叶面内卷，全叶长心形，浅绿色，叶尖长尾状，叶缘细圆齿，叶基浅心形，平均叶长19.1cm，叶幅12.2cm；叶面光滑，光泽性弱，叶面缩皱程度弱，叶柄细长，平均3.2cm。广东省广州市白云区栽培，桑果始熟期3月上中旬，易受微型虫危害，开花期遇雨水多的年份易感菌核病，耐寒性较弱。

【花果性状】 广州市栽培米条总芽数23 ~ 29个，平均25.8个；米条坐果芽数14 ~ 20个，平均17.0个；坐果率58% ~ 74%，平均65%；米条坐果粒数27 ~ 53粒，平均44.0粒；单芽坐果数1 ~ 2粒，平均1.7粒。桑果短圆筒形，果形好，平均长径3.0cm，横径1.4cm，单果重3.2g，果柄长度1.6cm。鲜果紫黑色，酸甜可口，风味好，平均可溶性固形物10.5%，酸度2.7g/L，pH5.0，糖酸比39.1。

通玉33

【资源来源】由广东省农业科学院蚕业与农产品加工研究所从广东省收集的地方种质资源，属广东桑种，现保存于广东省蚕桑种质资源库。

【枝叶特征与栽培特性】树形稍开展，枝条粗度中等而长，主枝发条数少，侧枝萌发力强；皮色青褐，节间直，平均节距5.0cm，五列叶序；皮孔大，较密，圆形；冬芽正三角形，赤褐色，小，腹离，副芽数量较少；枝条根源体平，芽褥状态微凸，叶痕圆形。

幼叶花色苷显色无，顶端叶着生姿态平伸，叶柄着生姿态上举；植株叶片形状全叶，叶面平展，叶长心形，浅绿色，叶尖长尾状，叶缘细圆齿，叶基深心形，平均叶长14.6cm，叶幅11.1cm；叶面光滑，光泽性弱，叶面缩皱程度弱，叶柄细长，平均2.7cm。广东省广州市白云区栽培，桑果始熟期3月上中旬，易受微型虫危害，开花期遇雨水多的年份易感菌核病，耐寒性较弱。

【花果性状】广州市栽培米条总芽数26 ~ 34个，平均31.0个；米条坐果芽数25 ~ 32个，平均28.8个；坐果率85% ~ 100%，平均93.3%；米条坐果粒数127 ~ 191粒，平均148.3粒；单芽坐果数4 ~ 5粒，平均4.8粒。桑果短圆筒形，果形好，平均长径2.9cm，横径1.2cm，单果重2.4g，果柄长度1.2cm。鲜果紫黑色，酸甜可口，风味好，平均可溶性固形物9.6%，酸度9.0g/L，pH3.7，糖酸比10.7。

叶片

新梢

枝条

果实

挂果枝条

通玉36

【资源来源】由广东省农业科学院蚕业与农产品加工研究所从广东省收集的地方种质资源，属广东桑种，现保存于广东省蚕桑种质资源库。

【枝叶特征与栽培特性】树形稍开展，枝条粗而长，主枝发条数多，侧枝萌发力中等；皮色黄褐，节间直，平均节距5.7cm，五列叶序；皮孔大，稀，圆形；冬芽长三角形，紫褐色，大，贴生，副芽数量少；枝条根源体微凸，芽褥平，叶痕三角形。幼叶花色苷显色无，顶端叶着生姿态平伸，叶柄着生姿态上举；植株叶片形状全叶、裂叶混生，叶面平展，叶心形，浅绿色，叶尖短尾状，叶缘细圆齿，叶基肾形，平均叶长16.1cm，叶幅15.4cm；叶面光滑，光泽性弱，叶面缩皱程度弱，叶柄细长，平均4.5cm。广东省广州市白云区栽培，桑果始熟期3月上中旬，易受微型虫危害，开花期遇雨水多的年份易感菌核病，耐寒性较弱。

【花果性状】广州市栽培米条总芽数23～27个，平均25.7个；米条坐果芽数19～25个，平均22.7个；坐果率76%～96%，平均88.2%；米条坐果粒数45～78粒，平均63.3粒；单芽坐果数2～3粒，平均2.5粒。桑果短圆筒形，果形好，平均长径2.6cm，横径1.4cm，单果重2.0g，果柄长度0.9cm。鲜果紫黑色，风味甜酸，平均可溶性固形物6.5%，酸度8.2g/L，pH3.9，糖酸比7.9。

叶片

新梢

枝条

果实

挂果枝条

通玉37

【资源来源】 由广东省农业科学院蚕业与农产品加工研究所从广东省收集的地方种质资源，属广东桑种，现保存于广东省蚕桑种质资源库。

【枝叶特征与栽培特性】 树形稍开展，枝条粗而长，主枝发条数少，侧枝萌发力弱；皮色黄褐，节间直，平均节距5.3cm，五列叶序；皮孔大小中等，稀，圆形；冬芽长三角形，赤褐色，大，尖离，副芽数量少；枝条根源体微凸，芽褥状态平，叶痕半圆形。幼叶花色苷显色无，顶端叶着生姿态平伸，叶柄着生姿态上举；植株叶片形状全叶、裂叶混生，叶面平展，全叶长心形，浅绿色，叶尖长尾状，叶缘细圆齿，叶基浅心形，平均叶长15.0cm，叶幅13.3cm；叶面光滑，光泽性弱，叶面缩皱程度弱，叶柄细长，平均3.5cm。广东省广州市白云区栽培，桑果始熟期3月上中旬，易受微型虫危害，开花期遇雨水多的年份易感菌核病，耐寒性较弱。

【花果性状】 广州市栽培米条总芽数21 ~ 24个，平均22.7个；米条坐果芽数18 ~ 24个，平均21.2个；坐果率82% ~ 100%，平均93.2%；米条坐果粒数59 ~ 89粒，平均67.5粒；单芽坐果数2 ~ 4粒，平均3.0粒。桑果短圆筒形，果形好，平均长径2.5cm，横径1.3cm，单果重2.3g，果柄长度1.0cm。鲜果紫黑色，酸甜可口，风味好，平均可溶性固形物9.0%，酸度4.2g/L，pH4.4，糖酸比21.3。

叶片

新梢

枝条

果实

挂果枝条

通玉41

【资源来源】由广东省农业科学院蚕业与农产品加工研究所从广东省收集的地方种质资源，属广东桑种，现保存于广东省蚕桑种质资源库。

【枝叶特征与栽培特性】树形稍开展，枝条粗度中等而长，主枝发条数少，侧枝萌发力强；皮色棕褐，节间直，平均节距3.9cm，八列叶序；皮孔小，密，圆形；冬芽长三角形，棕褐色，大小中等，贴生，副芽数量少；枝条根源体平，芽褥状态平，叶痕三角形。幼叶花色苷显色无，顶端叶着生姿态平伸，叶柄着生姿态上举；植株叶片形状裂叶，叶面平展，叶中绿色，叶尖长尾状，叶缘细圆齿，叶基深心形，平均叶长12.7cm，叶幅26.5cm；叶面光滑，光泽性弱，叶面缩皱程度弱，叶柄细长，平均2.4cm。广东省广州市白云区栽培，桑果始熟期3月上中旬，易受微型虫危害，开花期遇雨水多的年份易感菌核病，耐寒性较弱。

【花果性状】广州市栽培米条总芽数26～38个，平均33.8个；米条坐果芽数26～34个，平均29.5个；坐果率76%～100%，平均87.9%；米条坐果粒数103～164粒，平均129.3粒；单芽坐果数3～4粒，平均3.8粒。桑果短圆筒形，果形好，平均长径2.4cm，横径1.3cm，单果重2.5g，果柄长度1.1cm。鲜果紫黑色，酸甜可口，风味好，平均可溶性固形物7.8%，酸度3.6g/L，pH4.3，糖酸比21.8。

叶片

新梢

枝条

果实

挂果枝条

通玉44

【资源来源】由广东省农业科学院蚕业与农产品加工研究所从广东省收集的地方种质资源，属广东桑种，现保存于广东省蚕桑种质资源库。

【枝叶特征与栽培特性】树形稍开展，枝条粗度中等而长，主枝发条数多，侧枝萌发力中等；皮色棕褐，节间直，平均节距4.8cm，五列叶序；皮孔大，较稀，圆形；冬芽长三角形，赤褐色，中等，尖离，副芽数量较多；枝条根源体平，芽褥状态微凸，叶痕三角形。幼叶花色苷显色弱，顶端叶着生姿态平伸，叶柄着生姿态上举；植株叶片形状全叶，叶面平展，叶长心形，中绿色，叶尖长尾状，叶缘细圆齿，叶基浅心形，平均叶长16.4cm，叶幅11.5cm；叶面光滑，光泽性强，叶面缩皱程度弱，叶柄细长，平均2.7cm。广东省广州市白云区栽培，桑果始熟期3月上中旬，易受微型虫危害，开花期遇雨水多的年份易感菌核病，耐寒性较弱。

【花果性状】广州市栽培米条总芽数25 ~ 38个，平均32.0个；米条坐果芽数23 ~ 31个，平均26.3个；坐果率68% ~ 92%，平均83%；米条坐果粒数106 ~ 136粒，平均120.8粒；单芽坐果数3 ~ 4粒，平均3.8粒。桑果短圆筒形，果形好，平均长径3.0cm，横径1.4cm，单果重2.8g，果柄长度1.0cm。鲜果紫黑色，酸甜可口，风味好，平均可溶性固形物9.0%，酸度6.5g/L，pH4.0，糖酸比13.8。

叶片　新梢　枝条　果实　挂果枝条

屯车1

【资源来源】由广东省农业科学院蚕业与农产品加工研究所从广西壮族自治区收集的地方种质资源，属广东桑种，现保存于广东省蚕桑种质资源库。

【枝叶特征与栽培特性】树形稍开展，枝条细而长，主枝发条数少，侧枝萌发力强；皮色棕褐，节间直，平均节距4.8cm，五列叶序；皮孔大小中等，较稀，圆形；冬芽长三角形，棕褐色，小，尖离，副芽数量较多；枝条根源体微凸，芽褥凸，叶痕三角形。幼叶花色苷显色无，顶端叶着生姿态平伸，叶柄着生姿态上举；植株叶片形状全叶，叶面平展，叶长心形，中绿色，叶尖长尾状，叶缘粗圆齿，叶基深心形，平均叶长13.3cm，叶幅10.8cm；叶面光滑，光泽性中等，叶面缩皱程度中弱，叶柄细长，平均2.6cm。广东省广州市白云区栽培，桑果始熟期3月上中旬，易受微型虫危害，开花期遇雨水多的年份易感菌核病，耐寒性较弱。

【花果性状】广州市栽培米条总芽数22 ~ 33个，平均28.0个；米条坐果芽数20 ~ 33个，平均25.5个；坐果率69% ~ 100%，平均91.1%；米条坐果粒数73 ~ 141粒，平均96.0粒；单芽坐果数2 ~ 5粒，平均3.4粒。桑果短圆筒形，果形好，平均长径2.3cm，横径1.2cm，单果重1.9g，果柄长度0.6cm。鲜果紫黑色，酸甜可口，风味好，平均可溶性固形物7.2%，酸度5.0g/L，pH4.3，糖酸比14.4。

叶片

新梢

枝条

果实

挂果枝条

涠朝阳1

【资源来源】由广东省农业科学院蚕业与农产品加工研究所从广西壮族自治区收集的地方种质资源，属广东桑种，现保存于广东省蚕桑种质资源库。

【枝叶特征与栽培特性】树形稍开展，枝条粗而长，主枝发条数多，侧枝萌发力中等；皮色棕褐，节间直，平均节距5.4cm，五列叶序；皮孔大小中等，较密，椭圆形；冬芽长三角形，紫褐色，大小中等，尖离，副芽数量较多；枝条根源体微凸，芽褥状态微凸，叶痕三角形。幼叶花色苷显色弱，顶端叶着生姿态平伸，叶柄着生姿态上举；植株叶片形状全叶，叶面平展，叶长心形，中绿色，叶尖长尾状，叶缘细锯齿，叶基浅心形，平均叶长20.9cm，叶幅15.9cm；叶面光滑，光泽性中等，叶面缩皱程度弱，叶柄细长，平均3.2cm。广东省广州市白云区栽培，桑果始熟期3月中下旬，易受微型虫危害，开花期遇雨水多的年份易感菌核病，耐寒性较弱。

【花果性状】广州市栽培米条总芽数30～34个，平均31.5个；米条坐果芽数30～34个，平均31.3个；坐果率97%～100%，平均99.5%；米条坐果粒数133～167粒，平均143.8粒；单芽坐果数4～5粒，平均4.6粒。桑果短圆筒形，果形好，平均长径2.7cm，横径1.3cm，单果重1.8g，果柄长度1.1cm。鲜果紫黑色，酸甜可口，风味好，平均可溶性固形物10.3%，酸度6.9g/L，pH4.1，糖酸比14.9。

叶片

新梢

枝条

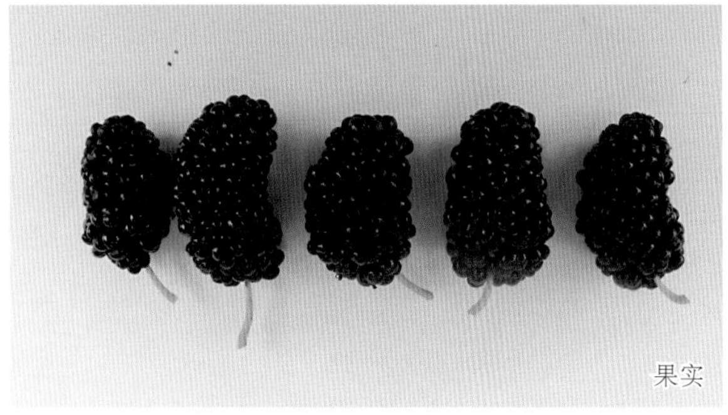
果实

挂果枝条

涠城4

【资源来源】由广东省农业科学院蚕业与农产品加工研究所从广西壮族自治区收集的地方种质资源，属广东桑种，现保存于广东省蚕桑种质资源库。

【枝叶特征与栽培特性】树形稍开展，枝条细而长，主枝发条数多，侧枝萌发力弱；皮色青褐，节间曲，平均节距5.5cm，三列叶序；皮孔小，较密，椭圆形；冬芽正三角形，灰褐色，大小中等，尖离，副芽数量较多；枝条根源体平，芽褥状态平，叶痕三角形。幼叶花色苷显色中等，顶端叶着生姿态斜上，叶柄着生姿态上举；植株叶片形状全叶，叶面平展，叶长心形，深绿色，叶尖长尾状，叶缘细锯齿，叶基浅心形，平均叶长13.3cm，叶幅10.0cm；叶面光滑，光泽性强，叶面缩皱程度弱，叶柄细长，平均3.3cm。广东省广州市白云区栽培，桑果始熟期3月上中旬，易受微型虫危害，开花期遇雨水多的年份易感菌核病，耐寒性较弱。

【花果性状】广州市栽培米条总芽数25 ~ 31个，平均28.3个；米条坐果芽数19 ~ 28个，平均24.2个；坐果率61% ~ 100%，平均85.3%；米条坐果粒数52 ~ 105粒，平均76.5粒；单芽坐果数2 ~ 4粒，平均2.7粒。桑果短圆筒形，果形好，平均长径3.3cm，横径1.4cm，单果重3.4g，果柄长度1.8cm。鲜果紫黑色，酸甜可口，风味好，平均可溶性固形物6.6%，酸度3.5g/L，pH4.8，糖酸比19.1。

叶片

新梢

枝条

果实

挂果枝条

涠荔5

【资源来源】由广东省农业科学院蚕业与农产品加工研究所从广西壮族自治区收集的地方种质资源，属广东桑种，现保存于广东省蚕桑种质资源库。

【枝叶特征与栽培特性】树形稍开展，枝条细而长，主枝发条数少，侧枝萌发力弱；皮色青褐，节间直，平均节距3.6cm，五列叶序；皮孔小，较稀，圆形；冬芽正三角形，棕褐色，小，腹离，副芽数量少；枝条根源体微凸，芽褥状态平，叶痕三角形。幼叶花色苷显色弱，顶端叶着生姿态平伸，叶柄着生姿态上举；植株叶片形状全叶、裂叶混生，叶面内卷，全叶长心形，浅绿色，叶尖长尾状，叶缘粗圆齿，叶基深心形，平均叶长16.3cm，叶幅11.9cm；叶面光滑，光泽性弱，叶面缩皱程度弱，叶柄细长，平均3.6cm。广东省广州市白云区栽培，桑果始熟期3月上中旬，易受微型虫危害，开花期遇雨水多的年份易感菌核病，耐寒性较弱。

【花果性状】广州市栽培米条总芽数28～37个，平均31.8个；米条坐果芽数19～33个，平均26.2个；坐果率66%～97%，平均82.2%；米条坐果粒数84～160粒，平均118.3粒；单芽坐果数3～5粒，平均3.7粒。桑果短圆筒形，果形好，平均长径2.1cm，横径1.1cm，单果重1.4g，果柄长度0.7cm。鲜果紫黑色，酸甜可口，风味好，平均可溶性固形物6.6%，酸度8.2g/L，pH4.0，糖酸比8.1。

叶片

新梢

枝条

果实

挂果枝条

涠枝2

【资源来源】由广东省农业科学院蚕业与农产品加工研究所从广西壮族自治区收集的地方种质资源，属广东桑种，现保存于广东省蚕桑种质资源库。

【枝叶特征与栽培特性】树形稍开展，枝条粗度中等而长，主枝发条数多，侧枝萌发力中等；皮色赤褐，节间直，平均节距5.3cm，五列叶序；皮孔大小中等，较稀，椭圆形；冬芽长三角形，棕褐色，大小中等，腹离，副芽数量较多；枝条根源体微凸，芽褥状态平，叶痕三角形。幼叶花色苷显色弱，顶端叶着生姿态斜上，叶柄着生姿态上举；植株叶片形状全叶、裂叶混生，叶面平展，全叶心形，中绿色，叶尖长尾状，叶缘细圆齿，叶基深心形，平均叶长12.3cm，叶幅12.6cm；叶面光滑，光泽性弱，叶面缩皱程度中弱，叶柄细长，平均4.7cm。广东省广州市白云区栽培，桑果始熟期3月上中旬，易受微型虫危害，开花期遇雨水多的年份易感菌核病，耐寒性较弱。

【花果性状】广州市栽培米条总芽数25～33个，平均29.3个；米条坐果芽数21～27个，平均23.8个；坐果率70%～87%，平均81.0%；米条坐果粒数101～158粒，平均128.3粒；单芽坐果数4～5粒，平均4.4粒。桑果短圆筒形，果形好，平均长径2.4cm，横径1.1cm，单果重1.5g，果柄长度0.6cm。鲜果紫黑色，酸甜可口，风味好，平均可溶性固形物10.4%，酸度6.8g/L，pH3.9，糖酸比15.3。

叶片

新梢

枝条

果实

挂果枝条

涠竹1

【资源来源】由广东省农业科学院蚕业与农产品加工研究所从广西壮族自治区收集的地方种质资源，属广东桑种，现保存于广东省蚕桑种质资源库。

【枝叶特征与栽培特性】树形稍开展，枝条细而长，主枝发条数少，侧枝萌发力弱；皮色赤褐，节间直，平均节距4.7cm，五列叶序；皮孔大小中等，较稀，圆形；冬芽长三角形，赤褐色，小，腹离，副芽数量较多；枝条根源体微凸，芽褥平，叶痕三角形。幼叶花色苷显色中等，顶端叶着生姿态平伸，叶柄着生姿态上举；植株叶片形状全叶、裂叶混生，叶面平展，叶心形，深绿色，叶尖长尾状，叶缘细圆齿，叶基浅心形，平均叶长13.6cm，叶幅13.5cm；叶面光滑，光泽性中等，叶面缩皱程度弱，叶柄细长，平均4.6cm。广东省广州市白云区栽培，桑果始熟期3月上中旬，易受微型虫危害，开花期遇雨水多的年份易感菌核病，耐寒性较弱。

【花果性状】广州市栽培米条总芽数28～34个，平均30.8个；米条坐果芽数20～32个，平均24.5个；坐果率65%～94%，平均79.5%；米条坐果粒数88～147粒，平均111.5粒；单芽坐果数3～4粒，平均3.6粒。桑果短圆筒形，果形好，平均长径2.2cm，横径1.1cm，单果重1.2g，果柄长度0.8cm。鲜果紫黑色，酸甜可口，风味好，平均可溶性固形物9.2%，酸度6.0g/L，pH4.0，糖酸比15.3。

叶片

新梢

枝条

果实

挂果枝条

文城1

【资源来源】 由广东省农业科学院蚕业与农产品加工研究所从海南省收集的地方种质资源，属广东桑种，现保存于广东省蚕桑种质资源库。

【枝叶特征与栽培特性】 树形稍开展，枝条粗度中等而长，主枝发条数多，侧枝萌发力中等；皮色黄褐，节间直，平均节距4.1cm，五列叶序；皮孔大小中等，较稀，圆形；冬芽长三角形，赤褐色，大小中等，尖离，副芽数量较多；枝条根源体微凸，芽褥状态微凸，叶痕三角形。幼叶花色苷显色无，顶端叶着生姿态平伸，叶柄着生姿态上举；植株叶片形状全叶、裂叶混生，叶面扭曲，全叶心形，深绿色，叶尖长尾状，叶缘粗圆齿，叶基深心形，平均叶长14.6cm，叶幅12.6cm；叶面光滑，光泽性强，叶面缩皱程度中弱，叶柄细长，平均4.9cm。广东省广州市白云区栽培，桑果始熟期3月上中旬，易受微型虫危害，开花期遇雨水多的年份易感菌核病，耐寒性较弱。

【花果性状】 广州市栽培米条总芽数31～35个，平均33.0个；米条坐果芽数26～34个，平均30.3个；坐果率79%～97%，平均91.9%；米条坐果粒数111～208粒，平均162.0粒；单芽坐果数4～6粒，平均4.9粒。桑果短圆筒形，果形好，平均长径2.5cm，横径1.2cm，单果重1.8g，果柄长度0.7cm。鲜果紫黑色，酸甜可口，风味好，平均可溶性固形物9.0%，酸度4.6g/L，pH4.5，糖酸比19.5。

叶片　新梢　枝条　果实　挂果枝条

文城3

【资源来源】由广东省农业科学院蚕业与农产品加工研究所从海南省收集的地方种质资源，属广东桑种，现保存于广东省蚕桑种质资源库。

【枝叶特征与栽培特性】树形稍开展，枝条粗度中等而长，主枝发条数多，侧枝萌发力中等；皮色棕褐，节间直，平均节距5.4cm，五列叶序；皮孔大小中等，较稀，圆形；冬芽长三角形，灰褐色，大小中等，斜生，副芽数量较多；枝条根源体微凸，芽褥状态平，叶痕三角形。幼叶花色苷显色中等，顶端叶着生姿态平伸，叶柄着生姿态上举；植株叶片形状全叶、裂叶混生，叶面平展，全叶叶心形，深绿色，叶尖长尾状，叶缘粗圆齿，叶基深心形，平均叶长12.7cm，叶幅12.0cm；叶面光滑，光泽性强，叶面缩皱程度弱，叶柄细长，平均4.2cm。广东省广州市白云区栽培，桑果始熟期3月上中旬，易受微型虫危害，开花期遇雨水多的年份易感菌核病，耐寒性较弱。

【花果性状】广州市栽培米条总芽数29 ~ 34个，平均30.5个；米条坐果芽数22 ~ 30个，平均25.7个；坐果率76% ~ 94%，平均84.2%；米条坐果粒数101 ~ 169粒，平均123.5粒；单芽坐果数3 ~ 5粒，平均4.0粒。桑果短圆筒形，果形好，平均长径2.7cm，横径1.2cm，单果重2.1g，果柄长度0.6cm。鲜果紫黑色，酸甜可口，风味好，平均可溶性固形物9.4%，酸度6.0g/L，pH3.9，糖酸比15.6。

叶片　新梢　枝条　果实　挂果枝条

崖1

【资源来源】由广东省农业科学院蚕业与农产品加工研究所从海南省收集的地方种质资源，属广东桑种，现保存于广东省蚕桑种质资源库。

【枝叶特征与栽培特性】树形稍开展，枝条细而长，主枝发条数少，侧枝萌发力弱；皮色紫褐，节间直，平均节距5.6cm，五列叶序；皮孔小，较密，椭圆形；冬芽长三角形，紫褐色，大，腹离，副芽无；枝条根源体微凸，芽褥状态微凸，叶痕半圆形。幼叶花色苷显色弱，顶端叶着生姿态平伸，叶柄着生姿态上举；植株叶片形状全叶，叶面平展，叶心形，中绿色，叶尖长尾状，叶缘粗锯齿，叶基浅心形，平均叶长18.8cm，叶幅14.8cm；叶面光滑，光泽性中等，叶面缩皱程度中强，叶柄细长，平均4.0cm。广东省广州市天河区栽培，桑果始熟期3月上中旬，易受微型虫危害，开花期遇雨水多的年份易感菌核病，耐寒性较弱。

【花果性状】广州市栽培米条总芽数22 ~ 35个，平均31.3个；米条坐果芽数21 ~ 33个，平均27.7个；坐果率71% ~ 97%，平均88.3%；米条坐果粒数72 ~ 107粒，平均89.0粒；单芽坐果数2 ~ 3粒，平均2.8粒。桑果长圆筒形，果形好，平均长径4.6cm，横径1.5cm，单果重6.2g，果柄长度1.4cm。鲜果紫黑色，酸甜可口，风味好，平均可溶性固形物6.4%，酸度6.3g/L，pH4.6，糖酸比10.2。

叶片

新梢

枝条

果实

挂果枝条

英沙3

【资源来源】 由广东省农业科学院蚕业与农产品加工研究所从广东省收集的地方种质资源，属白桑种，现保存于广东省蚕桑种质资源库。

【枝叶特征与栽培特性】 树形稍开展，枝条细而长，主枝发条数少，侧枝萌发力中等；皮色棕褐，节间曲，平均节距4.9cm，五列叶序；皮孔小，较密，圆形；冬芽长三角形，棕褐色，小，尖离，副芽数量较多；枝条根源体微凸，芽褥状态微凸，叶痕三角形。幼叶花色苷显色无，顶端叶着生姿态平伸，叶柄着生姿态上举；植株叶片形状全叶，叶面平展，叶心形，深绿色，叶尖长尾状，叶缘细圆齿，叶基浅心形，平均叶长16.3cm，叶幅13.2cm；叶面光滑，光泽性强，叶面缩皱程度中弱，叶柄细长，平均3.3cm。广东省广州市白云区栽培，桑果始熟期3月上中旬，易受微型虫危害，开花期遇雨水多的年份易感菌核病，耐寒性较弱。

【花果性状】 广州市栽培米条总芽数24 ~ 33个，平均29.0个；米条坐果芽数20 ~ 32个，平均26.8个；坐果率83% ~ 100%，平均92.5%；米条坐果粒数119 ~ 192粒，平均160.8粒；单芽坐果数5 ~ 6粒，平均5.5粒。桑果短圆筒形，果形好，平均长径3.0cm，横径1.5cm，单果重3.3g，果柄长度1.0cm。鲜果紫黑色，酸甜可口，风味好，平均可溶性固形物10.1%，酸度4.5g/L，pH4.5，糖酸比22.5。

叶片

新梢

枝条

果实

挂果枝条

湛02

【资源来源】由广东省农业科学院蚕业与农产品加工研究所从广东省收集的地方种质资源，属广东桑种，现保存于广东省蚕桑种质资源库。

【枝叶特征与栽培特性】树形稍开展，枝条细而长，主枝发条数少，侧枝萌发力中等；皮色棕褐，节间直，平均节距6.1cm，五列叶序；皮孔大小中等，较稀，椭圆形；冬芽长三角形，棕褐色，大小中等，尖离，副芽数量较少；枝条根源体微凸，芽褥状态平，叶痕三角形。幼叶花色苷显色弱，顶端叶着生姿态平伸，叶柄着生姿态上举；植株叶片形状全叶、裂叶混生，叶面平展，全叶长心形，浅绿色，叶尖长尾状，叶缘细圆齿，叶基深心形，平均叶长16.4cm，叶幅13.2cm；叶面光滑，光泽性中等，叶面缩皱程度弱，叶柄细长，平均3.2cm。广东省广州市白云区栽培，桑果始熟期3月上中旬，易受微型虫危害，开花期遇雨水多的年份易感菌核病，耐寒性较弱。

【花果性状】广州市栽培米条总芽数20～24个，平均22.3个；米条坐果芽数10～17个，平均13.5个；坐果率45%～71%，平均60%；米条坐果粒数24～59粒，平均42.8粒；单芽坐果数1～3粒，平均1.9粒。桑果短圆筒形，果形好，平均长径2.5cm，横径1.2cm，单果重1.6g，果柄长度1.0cm。鲜果紫黑色，酸甜可口，风味好，平均可溶性固形物9.9%，酸度6.3g/L，pH4.0，糖酸比15.8。

叶片　新梢　枝条

果实　挂果枝条

湛 12

【资源来源】由广东省农业科学院蚕业与农产品加工研究所从广东省收集的地方种质资源，属广东桑种，现保存于广东省蚕桑种质资源库。

【枝叶特征与栽培特性】树形稍开展，枝条细而长，主枝发条数少，侧枝萌发力中等；皮色棕褐，节间曲，平均节距4.9cm，五列叶序；皮孔小，较稀，圆形；冬芽正三角形，赤褐色，小，尖离，副芽数量少；枝条根源体平，芽褥状态微凸，叶痕三角形。幼叶花色苷显色无，顶端叶着生姿态平伸，叶柄着生姿态上举；植株叶片形状全叶，叶面平展，叶卵形，中绿色，叶尖长尾状，叶缘粗圆齿，叶基截形，平均叶长20.2cm，叶幅13.4cm；叶面光滑，光泽性中等，叶面缩皱程度弱，叶柄细长，平均3.3cm。广东省广州市白云区栽培，桑果始熟期3月上中旬，易受微型虫危害，开花期遇雨水多的年份易感菌核病，耐寒性较弱。

【花果性状】广州市栽培米条总芽数27 ~ 39个，平均33.2个；米条坐果芽数24 ~ 35个，平均31.0个；坐果率83% ~ 100%，平均93.5%；米条坐果粒数120 ~ 201粒，平均167.7粒；单芽坐果数4 ~ 6粒，平均5.1粒。桑果短圆筒形，果形好，平均长径2.8cm，横径1.5cm，单果重2.6g，果柄长度1.0cm。鲜果紫黑色，酸甜可口，风味好，平均可溶性固形物10.0%，酸度5.8g/L，pH4.1，糖酸比17.4。

叶片

新梢

枝条

果实

挂果枝条

长滩4

【资源来源】由广东省农业科学院蚕业与农产品加工研究所从广西壮族自治区收集的地方种质资源，属广东桑种，现保存于广东省蚕桑种质资源库。

【枝叶特征与栽培特性】树形稍开展，枝条细而长，主枝发条数少，侧枝萌发力弱；皮色棕褐，节间曲，平均节距5.8cm，五列叶序；皮孔小，较稀，椭圆形；冬芽长三角形，棕褐色，大小中等，尖离，副芽数量较少；枝条根源体平，芽褥微凸，叶痕半圆形。幼叶花色苷显色中等，顶端叶着生姿态斜上，叶柄着生姿态上举；植株叶片形状全叶，叶面平展，叶长心形，浅绿色，叶尖长尾状，叶缘细锯齿，叶基截形，平均叶长19.0cm，叶幅14.2cm；叶面光滑，光泽性中等，叶面缩皱程度弱，叶柄细长，平均3.2cm。广东省广州市白云区栽培，桑果始熟期3月上中旬，易受微型虫危害，开花期遇雨水多的年份易感菌核病，耐寒性较弱。

【花果性状】广州市栽培米条总芽数18～28个，平均21.5个；米条坐果芽数15～23个，平均18.8个；坐果率80%～91%，平均87.6%；米条坐果粒数56～146粒，平均90.5粒；单芽坐果数3～6粒，平均4.2粒。桑果长圆筒形，果形好，平均长径4.3cm，横径1.7cm，单果重5.5g，果柄长度1.1cm。鲜果紫黑色，酸甜可口，风味好，平均可溶性固形物6.1%，酸度4.6g/L，pH4.4，糖酸比13.2。

艸畅3

【资源来源】由广东省农业科学院蚕业与农产品加工研究所从海南省收集的地方种质资源，属广东桑种，现保存于广东省蚕桑种质资源库。

【枝叶特征与栽培特性】树形稍开展，枝条细而长，主枝发条数多，侧枝萌发力弱；皮色青褐，节间直，平均节距4.5cm，五列叶序；皮孔大小中等，较稀，圆形；冬芽正三角形，紫褐色，小，尖离，副芽数量少；枝条根源体微凸，芽褥状态凸，叶痕半圆形。幼叶花色苷显色无，顶端叶着生姿态平伸，叶柄着生姿态上举；植株叶片形状全叶，叶面平展，叶长心形，中绿色，叶尖长尾状，叶缘粗锯齿，叶基浅心形，平均叶长15.1cm，叶幅10.4cm；叶面光滑，光泽性中等，叶面缩皱程度弱，叶柄细长，平均3.2cm。广东省广州市白云区栽培，桑果始熟期3月中下旬，易受微型虫危害，开花期遇雨水多的年份易感菌核病，耐寒性较弱。

【花果性状】广州市栽培米条总芽数24 ~ 36个，平均29.0个；米条坐果芽数14 ~ 27个，平均19.2个；坐果率40% ~ 87%，平均66.1%；米条坐果粒数75 ~ 143粒，平均99.5粒；单芽坐果数2 ~ 5粒，平均3.4粒。桑果短圆筒形，果形好，平均长径2.7cm，横径1.2cm，单果重2.0g，果柄长度1.3cm。鲜果紫黑色，酸甜可口，风味好，平均可溶性固形物8.2%，酸度6.8g/L，pH5.0，糖酸比12.1。

叶片

新梢

枝条

果实

挂果枝条

紫城2

【资源来源】由广东省农业科学院蚕业与农产品加工研究所从广东省收集的地方种质资源，属鸡桑种，现保存于广东省蚕桑种质资源库。

【枝叶特征与栽培特性】树形稍开展，枝条细而长，主枝发条数少，侧枝萌发力弱；皮色棕褐，节间直，平均节距4.5cm，五列叶序；皮孔大小中等，较稀，椭圆形；冬芽长三角形，赤褐色，大小中等，尖离，副芽数量少；枝条根源体微凸，芽褥状态微凸，叶痕三角形。幼叶花色苷显色无，顶端叶着生姿态平伸，叶柄着生姿态上举；植株叶片形状全叶、裂叶混生，叶面平展，全叶心形，中绿色，叶尖长尾状，叶缘粗圆齿，叶基浅心形，平均叶长14.7cm，叶幅11.1cm；叶面光滑，光泽性中等，叶面缩皱程度弱，叶柄细长，平均3.7cm。广东省广州市白云区栽培，桑果始熟期3月上中旬，易受微型虫危害，开花期遇雨水多的年份易感菌核病，耐寒性较弱。

【花果性状】广州市栽培米条总芽数27 ~ 36个，平均32.3个；米条坐果芽数14 ~ 26个，平均19.3个；坐果率40% ~ 72%，平均59.8%；米条坐果粒数46 ~ 97粒，平均68.8粒；单芽坐果数1 ~ 3粒，平均2.1粒。桑果短圆筒形，果形好，平均长径2.8cm，横径1.4cm，单果重7.2g，果柄长度1.2cm。鲜果紫黑色，风味甜酸，平均可溶性固形物3.4%，酸度7.6g/L，pH3.4，糖酸比4.5。

六、引进资源

BR60

【资源来源】由广东省农业科学院蚕业与农产品加工研究所从泰国引进的种质资源，现保存于广东省蚕桑种质资源库。

【枝叶特征与栽培特性】树形稍开展，枝条细而长，主枝发条数多，侧枝萌发力弱；皮色棕褐，节间直，平均节距5.2cm，五列叶序；皮孔大，较稀，圆形；冬芽长三角形，赤褐色，大，尖歪，副芽数量少；枝条根源体平，芽褥状态平，叶痕三角形。幼叶花色苷显色强，顶端叶着生姿态斜上，叶柄着生姿态上举；植株叶片形状全叶、裂叶混生，叶面平展，全叶心形，中绿色，叶尖长尾状，叶缘细圆齿，叶基浅心形，平均叶长14.7cm，叶幅11.7cm；叶面光滑，光泽性强，叶面缩皱程度中弱，叶柄细长，平均3.7cm。广东省广州市天河区栽培，桑果始熟期3月中旬，易受微型虫危害，开花期遇雨水多的年份易感菌核病，耐寒性较弱。

【花果性状】广州市栽培米条总芽数23 ~ 37个，平均31.8个；米条坐果芽数20 ~ 30个，平均27.0个；坐果率78% ~ 97%，平均84.8%；米条坐果粒数91 ~ 167粒，平均122.2粒；单芽坐果数3 ~ 5粒，平均3.8粒。桑果短圆筒形，果形好，平均长径2.7cm，横径1.2cm，单果重2.4g，果柄长度0.8cm。鲜果紫黑色，酸甜可口，风味好，平均可溶性固形物7.3%，酸度6.4g/L，pH3.2，糖酸比11.4。

叶片

新梢

枝条

果实

挂果枝条

NK1

【资源来源】由广东省农业科学院蚕业与农产品加工研究所从朝鲜引进的种质资源，现保存于广东省蚕桑种质资源库。

【枝叶特征与栽培特性】树形稍开展，枝条粗度中等而长，主枝发条数少，侧枝萌发力强；皮色青褐，节间直，平均节距3.6cm，五列叶序；皮孔大小中等，较稀，圆形；冬芽正三角形，黄褐色，小，尖离，副芽数量较少；枝条根源体平，芽褥状态微凸，叶痕半圆形。幼叶花色苷显色无，顶端叶着生姿态平伸，叶柄着生姿态上举；植株叶片形状全叶、裂叶混生，叶面平展，全叶长心形，浅绿色，叶尖长尾状，叶缘粗圆齿，叶基浅心形，平均叶长9.7cm，叶幅7.8cm；叶面光滑，光泽性弱，叶面缩皱程度弱，叶柄细长，平均2.0cm。广东省广州市白云区栽培，桑果始熟期3月中旬，易受微型虫危害，开花期遇雨水多的年份易感菌核病，耐寒性较弱。

【花果性状】广州市栽培米条总芽数34 ~ 45个，平均39.7个；米条坐果芽数31 ~ 40个，平均34.8个；坐果率76% ~ 95%，平均88.0%；米条坐果粒数106 ~ 173粒，平均135.8粒；单芽坐果数3 ~ 4粒，平均3.4粒。桑果短圆筒形，果形好，平均长径1.9cm，横径0.9cm，单果重1.3g，果柄长度0.4cm。鲜果紫黑色，酸甜可口，风味好，平均可溶性固形物10.1%，酸度3.5g/L，pH3.7，糖酸比28.8。

叶片

新梢

枝条

果实

挂果枝条

S41

【资源来源】由广东省农业科学院蚕业与农产品加工研究所从泰国引进的种质资源，现保存于广东省蚕桑种质资源库。

【枝叶特征与栽培特性】树形稍开展，枝条细而长，主枝发条数多，侧枝萌发力弱；皮色紫褐，节间直，平均节距4.0cm，八列叶序；皮孔大，稀，半圆形；冬芽长三角形，棕褐色，大，斜生，副芽数量少；枝条根源体微凸，芽褥状态微凸，叶痕圆形。幼叶花色苷显色无，顶端叶着生姿态斜上，叶柄着生姿态上举；植株叶片形状全叶，叶面内卷，叶心形，中绿色，叶尖长尾状，叶缘细圆齿，叶基肾形，平均叶长17.6cm，叶幅12.8cm；叶面光滑，光泽性中等，叶面缩皱程度弱，叶柄细长，平均3.5cm。广东省广州市白云区栽培，桑果始熟期3月上中旬，易受微型虫危害，开花期遇雨水多的年份易感菌核病，耐寒性较弱。

【花果性状】广州市栽培米条总芽数22 ~ 31个，平均27.3个；米条坐果芽数20 ~ 28个，平均23.5个；坐果率77% ~ 91%，平均86.1%；米条坐果粒数82 ~ 109粒，平均97.5粒；单芽坐果数3 ~ 5粒，平均3.6粒。桑果中圆筒形，果形好，平均长径3.4cm，横径1.4cm，单果重3.6g，果柄长度0.4cm。鲜果紫黑色，酸甜可口，风味好，平均可溶性固形物12.1%，酸度3.4g/L，pH3.5，糖酸比35.6。

叶片　新梢　枝条
果实　挂果枝条

TL5

【资源来源】由广东省农业科学院蚕业与农产品加工研究所从泰国引进的种质资源，现保存于广东省蚕桑种质资源库。

【枝叶特征与栽培特性】树形稍开展，枝条粗而长，主枝发条数多，侧枝萌发力弱；皮色青褐，节间直，平均节距4.6cm，叶序无规则；皮孔大小中等，较稀，圆形；冬芽长三角形，棕褐色，大，贴生，副芽数量少；枝条根源体平，芽褥状态微凸，叶痕半圆形。幼叶花色苷显色强，顶端叶着生姿态平伸，叶柄着生姿态上举；植株叶片形状全叶，叶面平展，叶长心形，中绿色，叶尖长尾状，叶缘细锯齿，叶基浅心形，平均叶长23.1cm，叶幅18.1cm；叶面光滑，光泽性强，叶面缩皱程度弱，叶柄细长，平均6.0cm。广东省广州市天河区栽培，桑果始熟期3月上中旬，易受微型虫危害，开花期遇雨水多的年份易感菌核病，耐寒性较弱。

【花果性状】广州市栽培米条总芽数26 ~ 36个，平均30.5个；米条坐果芽数24 ~ 31个，平均27.0个；坐果率69% ~ 100%，平均88.5%；米条坐果粒数99 ~ 158粒，平均130.0粒；单芽坐果数3 ~ 5粒，平均4.3粒。桑果短圆筒形，果形好，平均长径3.0cm，横径1.3cm，单果重2.8g，果柄长度0.7cm。鲜果紫黑色，风味甜酸，平均可溶性固形物14.3%，酸度18.6g/L，pH3.8，糖酸比7.7。

叶片

新梢

枝条

果实

挂果枝条

布里兰

【资源来源】由广东省农业科学院蚕业与农产品加工研究所从泰国引进的种质资源，现保存于广东省蚕桑种质资源库。

【枝叶特征与栽培特性】树形稍开展，枝条粗而长，主枝发条数多，侧枝萌发力弱；皮色赤褐，节间直，平均节距4.6cm，五列叶序；皮孔大，较密，圆形；冬芽长三角形，赤褐色，大，腹离，副芽无；枝条根源体平，芽褥状态平，叶痕三角形。幼叶花色苷显色强，顶端叶着生姿态斜上，叶柄着生姿态上举；植株叶片形状全叶、裂叶混生，叶面平展，全叶长心形，中绿色，叶尖长尾状，叶缘细圆齿，叶基浅心形，平均叶长14.8cm，叶幅11.7cm；叶面光滑，光泽性中等，叶面缩皱程度弱，叶柄细长，平均4.6cm。广东省广州市白云区栽培，桑果始熟期3月中旬，易受微型虫危害，开花期遇雨水多的年份易感菌核病，耐寒性较弱。

【花果性状】广州市栽培米条总芽数33～39个，平均35.5个；米条坐果芽数22～35个，平均29.2个；坐果率86～91%，平均82%；米条坐果粒数109～221粒，平均165.3粒；单芽坐果数3～6粒，平均4.7粒。桑果短圆筒形，果形好，平均长径3.2cm，横径1.4cm，单果重3.0g，果柄长度1.3cm。鲜果紫黑色，口感偏酸，平均可溶性固形物5.1%，酸度26.6g/L，pH3.5，糖酸比1.9。

叶片

新梢

枝条

果实

挂果枝条

春蓬

【资源来源】由广东省农业科学院蚕业与农产品加工研究所从泰国引进的种质资源，现保存于广东省蚕桑种质资源库。

【枝叶特征与栽培特性】树形稍开展，枝条粗而长，主枝发条数多，侧枝萌发力中等；皮色棕褐，节间直，平均节距5.8cm，五列叶序；皮孔大，稀，圆形；冬芽长三角形，赤褐色，大，尖离，副芽数量少；枝条根源体平，芽褥状态平，叶痕半圆形。幼叶花色苷显色强，顶端叶着生姿态斜上，叶柄着生姿态上举；植株叶片形状全叶、裂叶混生，叶面平展，全叶心形，中绿色，叶尖长尾状，叶缘细圆齿，叶基浅心形，平均叶长15.8cm，叶幅11.6cm；叶面光滑，光泽性中等，叶面缩皱程度弱，叶柄细长，平均4.6cm。广东省广州市白云区栽培，桑果始熟期3月中旬，易受微型虫危害，开花期遇雨水多的年份易感菌核病，耐寒性较弱。

【花果性状】广州市栽培米条总芽数28 ~ 31个，平均30.0个；米条坐果芽数21 ~ 26个，平均22.7个；坐果率67% ~ 87%，平均76%；米条坐果粒数118 ~ 156粒，平均133.5粒；单芽坐果数4 ~ 6粒，平均4.5粒。桑果短圆筒形，果形好，平均长径2.8cm，横径1.1cm，单果重2.4g，果柄长度1.0cm。鲜果紫黑色，口感偏酸，平均可溶性固形物9.5%，酸度23.6g/L，pH3.8，糖酸比4.0。

叶片

新梢

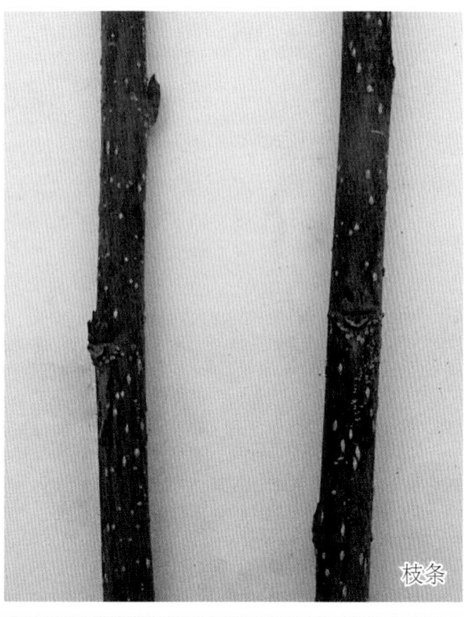
枝条

果实

挂果枝条

望月

【资源来源】由广东省农业科学院蚕业与农产品加工研究所从泰国引进的种质资源，现保存于广东省蚕桑种质资源库。

【枝叶特征与栽培特性】树形稍开展，枝条细而长，主枝发条数少，侧枝萌发力中等；皮色青褐，节间直，平均节距3.9cm，五列叶序；皮孔小，较稀，圆形；冬芽长三角形，赤褐色，中等，腹离，副芽数量少；枝条根源体微凸，芽褥状态微凸，叶痕三角形。幼叶花色苷显色无，顶端叶着生姿态平伸，叶柄着生姿态上举；植株叶片形状全叶、裂叶混生，叶面平展，全叶心形，中绿色，叶尖长尾状，叶缘粗圆齿，叶基深心形，平均叶长11.8cm，叶幅9.6cm；叶面光滑，光泽性中等，叶面缩皱程度中等，叶柄细长，平均3.9cm。广东省广州市白云区栽培，桑果始熟期3月上中旬，易受微型虫危害，开花期遇雨水多的年份易感菌核病，耐寒性较弱。

【花果性状】广州市栽培米条总芽数29～34个，平均32.7个；米条坐果芽数26～31个，平均28.7个；坐果率76%～97%，平均88%；米条坐果粒数141～194粒，平均165.8粒；单芽坐果数4～6粒，平均5.1粒。桑果短圆筒形，果形好，平均长径2.2cm，横径1.0cm，单果重1.3g，果柄长度0.5cm。鲜果紫黑色，口感偏酸，平均可溶性固形物6.5%，酸度28.5g/L，pH3.6，糖酸比2.3。

叶片

新梢

枝条

果实

挂果枝条

那库里

【资源来源】由广东省农业科学院蚕业与农产品加工研究所从泰国引进的种质资源，现保存于广东省蚕桑种质资源库。

【枝叶特征与栽培特性】树形稍开展，枝条细而长，主枝发条数多，侧枝萌发力弱；皮色棕褐，节间直，平均节距4.1cm，五列叶序；皮孔大，稀，圆形；冬芽长三角形，赤褐色，大，尖离，副芽无；枝条根源体平，芽褥状态平，叶痕半圆形。幼叶花色苷显色强，顶端叶着生姿态斜上，叶柄着生姿态上举；植株叶片形状全叶、裂叶混生，叶面平展，全叶心形，中绿色，叶尖长尾状，叶缘细圆齿，叶基浅心形，平均叶长13.8cm，叶幅10.9cm；叶面光滑，光泽性中等，叶面缩皱程度弱，叶柄细长，平均3.1cm。广东省广州市天河区栽培，桑果始熟期3月上中旬，易受微型虫危害，开花期遇雨水多的年份易感菌核病，耐寒性较弱。

【花果性状】广州市栽培米条总芽数31 ~ 40个，平均36.3个；米条坐果芽数27 ~ 38个，平均32.8个；坐果率86% ~ 100%，平均90.4%；米条坐果粒数148 ~ 214粒，平均179.8粒；单芽坐果数4 ~ 5粒，平均4.9粒。桑果短圆筒形，果形好，平均长径2.8cm，横径1.1cm，单果重2.1g，果柄长度0.9cm。鲜果紫黑色，酸甜可口，风味好，平均可溶性固形物7.6%，酸度8.3g/L，pH3.3，糖酸比9.2。

叶片

新梢

枝条

果实

挂果枝条

青迈

【资源来源】由广东省农业科学院蚕业与农产品加工研究所从泰国引进的种质资源，现保存于广东省蚕桑种质资源库。

【枝叶特征与栽培特性】树形稍开展，枝条粗度中等而长，主枝发条数多，侧枝萌发力弱；皮色棕褐，节间直，平均节距4.9cm，五列叶序；皮孔大，较密，圆形；冬芽长三角形，赤褐色，大，尖离，副芽无；枝条根源体平，芽褥状态平，叶痕三角形。幼叶花色苷显色强，顶端叶着生姿态平伸，叶柄着生姿态上举；植株叶片形状全叶、裂叶混生，叶面平展，全叶心形，中绿色，叶尖长尾状，叶缘细圆齿，叶基浅心形，平均叶长14.0cm，叶幅11.2cm；叶面光滑，光泽性中等，叶面缩皱程度弱，叶柄细长，平均4.1cm。广东省广州市天河区栽培，桑果始熟期3月中旬，易受微型虫危害，开花期遇雨水多的年份易感菌核病，耐寒性较弱。

【花果性状】广州市栽培米条总芽数28 ~ 38个，平均34.2个；米条坐果芽数24 ~ 33个，平均30.5个；坐果率86% ~ 97%，平均89.3%；米条坐果粒数132 ~ 209粒，平均170.7粒；单芽坐果数4 ~ 6粒，平均5.0粒。桑果短圆筒形，果形好，平均长径3.0cm，横径1.3cm，单果重2.5g，果柄长度0.8cm。鲜果紫黑色，酸甜可口，风味好，平均可溶性固形物7.5%，酸度8.0g/L，pH3.5，糖酸比9.4。

叶片

新梢

枝条

果实

挂果枝条

印2

【资源来源】由广东省农业科学院蚕业与农产品加工研究所从印度引进的种质资源，现保存于广东省蚕桑种质资源库。

【枝叶特征与栽培特性】树形稍开展，枝条细而长，主枝发条数少，侧枝萌发力强；皮色青褐，节间直，平均节距4.2cm，八列叶序；皮孔大，较稀，圆形；冬芽正三角形，黄褐色，小，尖离，副芽数量较少；枝条根源体微凸，芽褥状态微凸，叶痕三角形。幼叶花色苷显色无，顶端叶着生姿态平伸，叶柄着生姿态上举；植株叶片形状全叶，叶面平展，叶长心形，浅绿色，叶尖长尾状，叶缘细圆齿，叶基浅心形，平均叶长11.5cm，叶幅8.9cm；叶面光滑，光泽性弱，叶面缩皱程度弱，叶柄细长，平均2.0cm。广东省广州市白云区栽培，桑果始熟期3月上中旬，易受微型虫危害，开花期遇雨水多的年份易感菌核病，耐寒性较弱。

【花果性状】广州市栽培米条总芽数29 ~ 33个，平均31.5个；米条坐果芽数17 ~ 30个，平均23.7个；坐果率52% ~ 100%，平均75.2%；米条坐果粒数104 ~ 180粒，平均136.8粒；单芽坐果数3 ~ 6粒，平均4.4粒。桑果短圆筒形，果形好，平均长径2.2cm，横径1.2cm，单果重1.8g，果柄长度0.5cm。鲜果紫黑色，酸甜可口，风味好，平均可溶性固形物12.1%，酸度9.7g/L，pH3.7，糖酸比12.5。

叶片

新梢

枝条

果实

挂果枝条

印西孟2

【资源来源】由广东省农业科学院蚕业与农产品加工研究所从印度引进的种质资源，现保存于广东省蚕桑种质资源库。

【枝叶特征与栽培特性】树形稍开展，枝条细而长，主枝发条数多，侧枝萌发力弱；皮色棕褐，节间直，平均节距4.2cm，五列叶序；皮孔小，较密，圆形；冬芽正三角形，棕褐色，小，尖离，副芽数量少；枝条根源体平，芽褥状态微凸，叶痕半圆形。幼叶花色苷显色无，顶端叶着生姿态平伸，叶柄着生姿态上举；植株叶片形状全叶、裂叶混生，叶面平展，全叶心形，中绿色，叶尖长尾状，叶缘细锯齿，叶基浅心形，平均叶长10.1cm，叶幅7.7cm；叶面光滑，光泽性中等，叶面缩皱程度中等，叶柄细长，平均2.3cm。广东省广州市白云区栽培，桑果始熟期3月上中旬，易受微型虫危害，开花期遇雨水多的年份易感菌核病，耐寒性较弱。

【花果性状】广州市栽培米条总芽数23～41个，平均34.5个；米条坐果芽数18～33个，平均24.2个；坐果率58%～85%，平均70%；米条坐果粒数37～67粒，平均45.7粒；单芽坐果数1～3粒，平均1.3粒。桑果短圆筒形，果形好，平均长径2.4cm，横径1.2cm，单果重1.6g，果柄长度0.8cm。鲜果紫黑色，酸甜可口，风味好，平均可溶性固形物7.3%，酸度7.2g/L，pH4.0，糖酸比10.2。

叶片

新梢

枝条

果实

挂果枝条

印西孟3

【资源来源】由广东省农业科学院蚕业与农产品加工研究所从印度引进的种质资源，现保存于广东省蚕桑种质资源库。

【枝叶特征与栽培特性】树形稍开展，枝条细而长，主枝发条数多，侧枝萌发力中等；皮色棕褐，节间直，平均节距3.2cm，五列叶序；皮孔小，较密，圆形；冬芽正三角形，赤褐色，小，尖离，副芽数量较少；枝条根源体微凸，芽褥微凸，叶痕三角形。幼叶花色苷显色无，顶端叶着生姿态平伸，叶柄着生姿态上举；植株叶片形状全叶、裂叶混生，叶面平展，全叶心形，中绿色，叶尖长尾状，叶缘细圆齿，叶基浅心形，平均叶长12.7cm，叶幅9.4cm；叶面光滑，光泽性中等，叶面缩皱程度中等，叶柄细长，平均2.7cm。广东省广州市白云区栽培，桑果始熟期3月上中旬，易受微型虫危害，开花期遇雨水多的年份易感菌核病，耐寒性较弱。

【花果性状】广州市栽培米条总芽数25～34个，平均30.3个；米条坐果芽数18～25个，平均21.0个；坐果率58%～88%，平均69.2%；米条坐果粒数28～69粒，平均42.2粒；单芽坐果数1～2粒，平均1.4粒。桑果短圆筒形，果形好，平均长径2.4cm，横径1.2cm，单果重1.5g，果柄长度0.8cm。鲜果紫黑色，风味甜酸，平均可溶性固形物4.6%，酸度5.9g/L，pH4.0，糖酸比7.8。

叶片

新梢

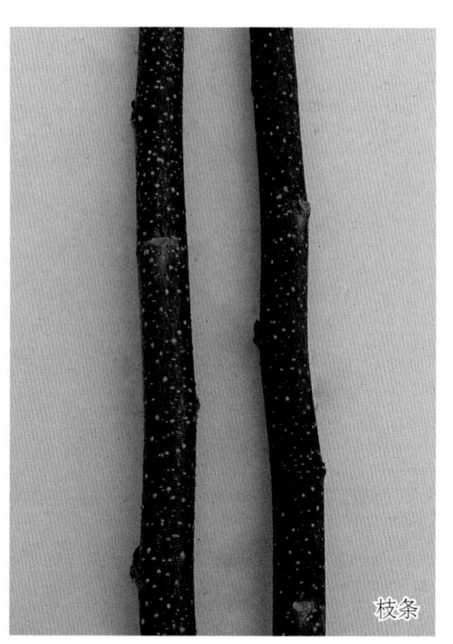
枝条

果实

挂果枝条

越1

【资源来源】由广东省农业科学院蚕业与农产品加工研究所从越南引进的种质资源，现保存于广东省蚕桑种质资源库。

【枝叶特征与栽培特性】树形稍开展，枝条细而长，主枝发条数多，侧枝萌发力弱；皮色黄褐，节间直，平均节距3.2cm，八列叶序；皮孔大小中等，较稀，圆形；冬芽正三角形，紫褐色，小，腹离，副芽无；枝条根源体平，芽褥状态平，叶痕半圆形。幼叶花色苷显色无，顶端叶着生姿态平伸，叶柄着生姿态上举；植株叶片形状全叶、裂叶混生，叶面平展，全叶长心形，浅绿色，叶尖长尾状，叶缘细圆齿，叶基深心形，平均叶长10.4cm，叶幅9.0cm；叶面光滑，光泽性弱，叶面缩皱程度弱，叶柄细长，平均3.4cm。广东省广州市白云区栽培，桑果始熟期3月上中旬，易受微型虫危害，开花期遇雨水多的年份易感菌核病，耐寒性较弱。

【花果性状】广州市栽培米条总芽数32～40个，平均36.8个；米条坐果芽数28～34个，平均30.2个；坐果率70%～94%，平均82.3%；米条坐果粒数117～164粒，平均144.3粒；单芽坐果数3～4粒，平均3.9粒。桑果短圆筒形，果形好，平均长径2.2cm，横径1.0cm，单果重1.4g，果柄长度0.6cm。鲜果紫黑色，酸甜可口，风味好，平均可溶性固形物9.7%，酸度2.9g/L，pH3.9，糖酸比33.4。

叶片

新梢

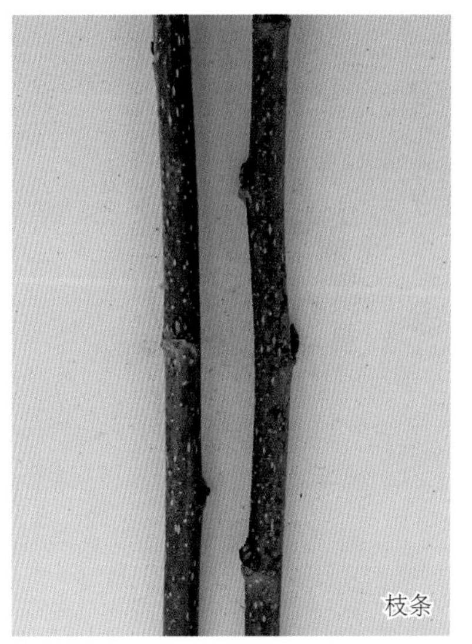
枝条

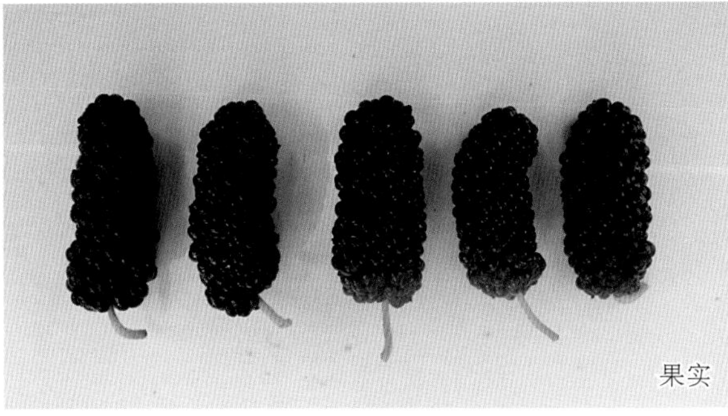
果实

挂果枝条

图书在版编目（CIP）数据

华南桑树种质资源．果桑卷／王振江等著．—北京：中国农业出版社，2020.7
ISBN 978-7-109-26806-7

Ⅰ.①华… Ⅱ.①王… Ⅲ.①桑树–种质资源–华南地区 Ⅳ.①S888.3

中国版本图书馆CIP数据核字（2020）第073903号

中国农业出版社出版
地址：北京市朝阳区麦子店街18号楼
邮编：100125
责任编辑：石飞华　张　利
版式设计：王　晨　　责任校对：赵　硕　　责任印制：王　宏
印刷：北京中科印刷有限公司
版次：2020年7月第1版
印次：2020年7月北京第1次印刷
发行：新华书店北京发行所
开本：889mm × 1194mm　1/16
印张：16.75
字数：480千字
定价：298.00元